植物園で樹に登る
——育成管理人の生きもの日誌

二階堂太郎〔著〕
植木職人、樹木医、森林インストラクター

築地書館

①桜の花びら舞う多様性区 ②ヒメオドリコソウ
③ムラサキケマン ④ハルジオン ⑤ヒメジョオン

⑥新緑が香る落葉広葉樹林区
⑦イロハモミジ ⑧カツラ ⑨ヤマボウシ

⑩紅葉が写る水生区 ⑪落ち葉
⑫サイカチの実

⑬

⑮

⑯

⑭

⑬雪にたたずむ温室 ⑭アブラチャン
⑮カワラハンノキ ⑯ハルジオンの冬ロゼット

⑰ザイルとハーネスを使ったツリークライミングで、温室周辺のクスノキ科の樹を剪定をする
⑱ 17メートルの樹の上から見たクレマチス園
⑲熱帯雨林温室の梁にロープをかけてぶら下がり、オオバナサルスベリの剪定をする

17

18

⑳樹上８メートルにいたカタツムリ
㉑ウッドチップ堆肥に住むカブトムシの幼虫
㉒サザンカの葉を食べるチャドクガの幼虫
㉓アシナガバチの巣
㉔カミキリムシの幼虫が樹に開けた穴
㉕樹上５メートルの枝で風に耐えるトンボ
㉖砂礫地海岸性区のニッポンハナダカバチ

※口絵はすべて国立科学博物館筑波実験植物園で撮影

はじめに

トムソーヤーの冒険と未来少年コナン。ツリーハウスという言葉が今のように浸透していなかった時代のアニメで、樹上に子どもたちが家を作るストーリーがあり、私はそこに強く惹かれた幼少期を送りました。そして小学二年生の頃、公園で果実をつけている梨の樹に気づき、登って、もぎ取り、食べました。今にして思えば高さ二～三メートル程度であったと思うのですが、当時の私にとっては大冒険で、樹登りにより何かを成し遂げたことがすごくうれしかったのをよく覚えています。そんな経験が影響してか、地元新潟の高校卒業後は山形大学で修士まで林学を学びました。

卒業後は地元へ戻り、何のツテもなかったのですが、後藤造園（現：らう造景）になんとか入社させてもらいました。造園会社を目指したのは樹木医を目標にしていたのと、その前年、任期付き職員で採用された新潟県林業事務所にて、林業を生業《なりわい》とする人たちから大きな影響を受けたためです。林業は六〇歳でまだ若造、八〇歳でようやく一人前という世界であり、その姿を日々見ているうちに私も、「何かを求め続けながら歳をとっていく職人としての人生を送りたい」と思うようになっていました。

また、優れた職人はどこへ行っても体一つで仕事ができます。私を本当にそう鍛えてくれるところはどこかと考えて、地域に根差した老舗造園会社に飛び込んだのでした。そして全力疾走のような六年が過ぎ、気がつけば憧れていた職人のはしくれとなっていました。その後、長男が生まれたのをきっかけに妻の勤務地であるつくば市へ引っ越し、育児をとことんやってみたくなり専業主夫に。無邪気な息子と日向ぼっこをする穏やかな毎日も二年が過ぎた頃、なんだか仕事に戻れなくなりそうな気がして、筑波実験植物園へ問い合わせをしました。

筑波実験植物園は国立科学博物館の研究施設の一つで、植物の分類と保全に関する研究を行い、また啓蒙普及のために一般公開をしている施設です。一四万平方メートルの屋外エリアと三つの大温室を持ち、約七〇〇〇種を栽培、約三〇〇〇種を展示しています。大きな特徴として、約四〇年の歴史を持つ人工の森があり、私は以前に樹木医の研修で訪れた際、そこが大変気に入っていました。

なんとも運のいいことに、私は植物データベースを扱う部署で採用され、開花調査や園案内などの教育普及も携わる仕事が始まりました。そして次第に造園技術も重宝されるようになり、屋外展示エリアの育成管理をする屋外班のリーダーへ配置換えされました。

ちょうどその頃、一般社団法人日本森林学会の定期刊行物『森林科学』でのコラム「森の休憩室Ⅱ　樹とともに」の執筆がスタートしました。森林科学は森林に関する最新の研究や気になる話題を取り扱う科学雑誌で、研究者が論じる記事の合間にほっと一息つくような感じで読めるものを何か書いてみないかと持ちかけられたことがきっかけです。内容は、私の経歴である造園会社での仕事や、現在勤務する植物園での実務を通じて見える樹木や自然の事柄を中心に置き、この一〇年で二八回掲載させていただきました。そしてこのたび、コラムの書籍化という嬉しいご提案をいただき、これまでのものに新しく一二トピックを書きおろして出版することになったのです。

本書の構成は、春夏秋冬の四季をたどり、さらには過去から将来を見据えるさまざまなテーマを集めています。植物たちの季節の移ろいと、彼らと共に歩む未来を感じていただければ幸いです。本文中の写真には、いつどこで見られた植物の姿なのか、景色なのか、また、行われた作業なのかがわかるよう、撮影された植物園植栽区画名（もしくは地域名）と日付を併記しました。

植物管理の中で、弱っていく植物の原因を見つけられないままに対処を迫られることが多々あります。樹木を詳しく学べばどうにか解決できるというものではなく、頼りになるのは教科書的な知識よりもそれまでに培った経験です。職人と言われる人々は、自身の中にそのような経験をさらに積み重ねるために、日々同じような作業であっても飽くことなく繰り返すのだと思います。私もそうあるべく、造園会社に飛び込んでから筑波実験植物園で働く今日までの約二〇年、草木が生い茂る場所で植物管理を繰り返しています。各コラムではなるべくその現場目線で見えたものを書くようにしてきました。この本を手に取ってくださった皆さんに、それらを通じて造園業や植物管理という仕事が実際どのようなものか、また、植物の不思議さや面白さを伝えることができたなら、これに優る喜びはありません。

もくじ

樹に登る

工場の目隠しなどのために植栽されるメタセコイアは高く育つことを望まれ、実際にその樹高は二〇メートルを超えます。しかし、大きくなったらなったで疎《うと》まれるのが樹木の宿命。頭の揃った景観や落葉の軽減を目的に剪定されることがあります。整枝《せいし》剪定作業は樹のてっぺんからがスタートで、ハサミを入れ、枝葉を落としながら下へ降りていくのが基本です。

まずは脚立で下枝に登り、その後は体ひとつで上を目指します。樹体の安定感を支えに最初は何の不安もなく登っていきます。しかし、気づくと幹はどんどん細くなり、体は突然に後ろへしなり、全身は一瞬で硬直します。下を見ると四階建てのビルの屋上ははるか遠く、足の裏の感覚はありません。ここにいる目的や職人としてのプライド、さまざまな理由で自分を登らせ、計画通りの高さで梢をようやく切断。その瞬間に感じる「これ以上登らなくていい」という安堵感と、「この高さでそれをやりとげた」という満足感。そして「命を落とすかも」という不安から解放され、今度は下を目指すべく整枝に移ります。なんだか大げさな仕事に見えますが、これは庭師にとって珍しい内容ではありません。

高所で作業する職種が対象としている多くは無機物ですが、庭師が職人たる理由は生きている樹を対象としているところです。枯れや腐朽を内在している箇所の見極めや、枝の裂けが生じやすい時期の判断など、登る際には病害や樹木生理に関する知識を必要とします。そのうえで、安全を確保しながら樹体の上を目指すことが「樹に登る」ことといえます。たどり着いてしまえば安全帯などの道具類で落下の危険を防止できますが、移動の最中はまったくの無防備。また、その間にも作業や器具類の運搬などを並行して行います。安全の確保に足を掛けたり摑んだりする枝は太く元気のよいものを選びたいところですが、理想的なものはなかなかありません。過去の経験で自分の体重を支えてくれた枝々たちの感覚を呼び覚まし、今ある枝に命を預けてよいかを慎重に判断します。

慣れてくると登るだけでその樹特有の枝成りや個体の癖、さらには樹勢もわかるようになります。それが元になってよい剪定や樹木の診断・治療ができ、さらには安全・確実な伐採が行えるのです。「樹に登る」とは「樹を知る」ことであり、樹登り上手は「樹をよく知っている人」なのではないでしょうか。この知識と技術を求めて私は日々樹の上を目指します。

私は樹に登ることが大好きです。仰々しいことを述べてきたわりに、樹を知りたいことが一番

上：樹上 12 メートルから見たヤマボウシ（山地草原高地性区、2017 年 6 月 5 日）
下：樹上 17 メートルから見たクレマチス園（シダ園、2009 年 5 月 18 日）

の理由ではありません。庭師としては不遜かもしれませんが、おそらく樹登り好きの多くの人が持っている単純で明確な理由、普段見ることのない景色と感覚が樹の上にはあるからです。私にとってそれはアミューズメントパークのようなものらしく、その「非日常」の世界から得られる爽快感や充足感を求めて樹木に関わる仕事を続けてきたところがあります。高い樹から遠くまで見通せる景色は登れる技術を持った者以外は見られず、樹と自分だけが知っているその空間の透明さに時間が止まったような感覚になります。私が幼少期から樹木に抱いている説明できない惹かれる何らかがそこにあるのでしょう。

ふと気づくと虫や動物たちも来ています。カエデの大木では十数メートルの高さにもアリが列をなして登っていました。冒頭にお話ししたメタセコイアには梢の先にアマガエルがしがみついていました。古い鳥の巣はあちこちにあります。死に向かっているアカマツには無数のマツボックリがなり、きれいだなと下から見上げていたナンテンギリの真っ赤な実が、今や自分の背後一面にぶら下がっています。外に目をやればいたるところに樹はありますが、その樹上の世界があまり知られていないのはもったいないと思います。なので、せめて自分だけでもそこに触れようと、公園で樹々を物色しては人目がないことを確認し、助走をつけて飛び登るのでした。

光を取り合う椅子取りゲーム

植物は他者より高く育つと光の獲得に有利という大原則があります。しかし高くなるには自身を支える強い茎や幹を作らなければならないので、そう簡単でありません。また、大きくなるほど体を維持するためのエネルギーも多くなり、光合成による生産物に不足が生じた場合は、葉を追加で展開できないと最悪枯死してしまうリスクを伴っています。そんな直球勝負で上を目指す植物たちに対して、さまざまな変化球で光を得ようとする植物がいます。それらは皆、植物園管理の隙をついたり利用をしたりして、元気にしたたかに生きています。

まずは蔓性《つるせい》植物です。茎を強くすることをやめ、巻きついたり鉤《かぎ》をひっかけたりして他者の体を登り、葉を四方へ展開させることにエネルギーを集中させる戦略をとっています。その中でも私が造園会社に入ったときから一目置いているのがヤブガラシです。春に芽を出した場所が生垣の暗い中であった場合、ヘクソカズラやヒルガオは暗がりから光のあるほうへ出て葉を広げ、自身の茎を他の植物に巻きつけながら上を目指しますが、ヤブガラシは葉を広げずに、暗闇の中を光が得られる高さまで一直線に伸ばすのです。

葉の展開にエネルギーを使わないからだと思いますが、時には二メートル以上をすごい速さで抜け出します。そして光を感じたら五枚の小葉を手の平のように広げ、やがて生垣の上面を覆いつくします。五月の始め頃、生垣の真っ暗な中をのぞくと、赤茶色の角ばった茎をひっそりと直立させているヤブガラシを見つけることがあります。そんなときは「しまった、見つかった！」という声が聞こえてきそうです。もしその頃に気づかないでいると、六月下旬に大繁茂した姿を突如見ることになります。そして七月には花を咲かせてスズメバチを招集し、蔓を撤去しようとする我々から身を守ります。

他者を利用して上を目指す蔓性植物と真逆の戦略を取るのが、地面に張りつくように葉を広げるロゼット植物です。他者の影の中になることを前提とした形態なのでなんだか消極的な生き方に見えますが、じつはかなり積極的な戦略です。

たとえば多年生草本のセイヨウタンポポは、他の植物が大きく成長する前の四月に葉を大きく展開させ、高さによる光り争いそのものを回避しています。そして他の植物が伸び始める前に種子を作り、空へ飛ばします。一年の仕事はそれで達成したことになるので、何かの日陰に長く覆われたり、地上部をしつこく刈られたら、翌年の春まで小さい姿になって暮らします。なんだか、スプリングエフェメラルと呼ばれる林床《りんしょう》が明るい早春にだけ姿を見せる植物と似ていますが、特筆すべきは、種子をつける前ならば何度刈られてもすぐに大きく再生する能力です。種を飛ばす目的を達するまでは決して諦めない、すさまじい根性のある植物なのです。

一年生草本のツボミオオバコは植物園管理を上手に利用するロゼット植物です。定期的に芝刈り機を入れる芝地の中に入り込み、地面に張りつくがゆえに刈られず残るロゼットには常に太陽の光が当たります。種子生産能力と発芽能力も高く、ちょっと気を許すと無数のロゼットが一面びっしりと広がり、遠目だときれいな絨毯《じゅうたん》のようですが、慌てて根ごと取るべく鎌を地面に突き刺します。

多年草のハルジオンは高く成長しつつもロゼットの性質を持つ植物です。春に花を付ける茎を五〇センチほど伸ばしますが、その存在を一番見せつけられるのが冬です。他の植物たちが姿を消した寂しい地面のあちこちに、赤茶色をした直径数センチから一〇センチのロゼットとなって張りついています。夏や秋に季節の雑草が高く繁茂しているその根際で、枯れることなくひっそり生きていたのでした。そうして他の草が枯れてから再び繁茂するまでの約半年も、光を独占するのです。以前に、この植物の根絶を目指して冬にロゼットを取り除く作業を数年続けたことがありますが、刈り残した根からの再生なのか一向に個体数が減らず、今では赤いロゼットを冬の風物詩として眺めています。

また、ハルジオンに似ている植物にヒメジョオンがありますが、こちらは一年草なので冬に枯れます。しかし種子の寿命が三〇年以上あるので、他の植物の繁茂によって生育できなくなっても、それらが衰退して光が地面に注ぐその日を待つことができます。もし三〇年ごとに芽を出して種子を作ることを繰り返したならば、一年草でありながら一〇〇年という時間を五世代で超えられるということです。ヒメジョオンが生育しているのはそんな種子が大量に散布されている場所ですから、たまに除草をする気持ちがポッキリ折れます。

今まで除草作業をしてきた中で、除草をやればやったときの草が生え、やらなければやらなかった時間の長さに応じて植物が入れ替わるさまを見てきました。優勢に生育していたはずの植物が知らない間に消滅し、気がつけばまったく違う場所で繁茂していたり、数年後に同じ場所で再び姿を見せてくれたり。そんないろんな場面を集めてみると、植物たちはまるで椅子取りゲームのようにその空間の光を取り合っているように思えます。椅子の形や大きさはその時々で違い、時に数が増えたり、減ったりします。一人で多くの椅子を占領したり、一つの椅子に複数で座ったり、空席となった椅子が出たりなんかもします。

これまでの植物の進化は、椅子に座るべく新しい戦略を持った植物が次々と登場してくる事の繰り返しだったと言えましょう。約四億年前に海から陸上へ上がった後は、維管束を獲得したり、種子を作ったり、虫と共生したり、樹から草になったり、草から樹へなったり、水の中へ戻った

左：ハルジオン（低木林区、2017 年 4 月 23 日）、右：ヒメジョオン（つくば市竹園、2017 年 5 月 28 日）
どちらも北米原産の外来種で、できれば駆除したい。ハルジオンはつぼみを下にうなだれやすい。また、ハルジオンの花びらは細い。口絵④⑤参照

ハルジオンのロゼット。左：夏（山地草原低地性区、2017 年 8 月 7 日）、
右：冬（山地草原低地性区、2014 年 12 月 22 日）。冬の葉色は口絵⑯を参照

り、着生したり地上に降りたり、菌と手を組んだり、葉緑素をなくして光合成をやめてみたり、今ある植物がこの先どのような戦略を取るようになっても、なんら不思議ではありません。これから先の一〇〇〇年後、そして一億年後はどのような椅子取りゲームが繰り広げられるのでしょうか。すごく見てみたいと思う気持ち半面、怖いような気持ちもするのは、私の中で植物はいずれウネウネ動き出すと信じているからに他なりません。

草の繁茂と戦う

　小さい頃の春の話です。野原や土手の何処にでも生えていた「つくしんぼう」が好きで、よく探しては摘んで並べたりなんかしていました。たまに採って家に帰ると母親がおひたしにし、父親が春の味だと言って食べていたのを覚えています。私はほんのり苦いのが嫌で、鰹節をたくさんかけてなんとか食べたものです。その後は成長と共に「つくしんぼう」に気づく回数が減り、苦いフキみそが好物になり、やがて造園会社へ入ります。

　会社の仕事の中には、新潟市から請け負った公園の年間管理業務があり、定期的に行う除草で苦労した植物が「スギナ」でした。刈ってもまたすぐに生えてしまうことから、根絶には除草剤を使用することが一般的です。しかし管理業務では刈り取ることだけが指示されており、除草剤の使用はできなかったので、打開策を求めて図鑑を開きました。すると、「つくしんぼう」は「スギナ」の花（正確には胞子茎）であると書かれているではありませんか！　幼い頃に友達だったあのかわいらしい「つくしんぼう」が、「地獄草」の別名を持つすこぶるやっかいな植物だったとは……。自身の無知により起こしてしまったこのどんよりした再会を胸に刻み、以降は「つくしんぼう」を「チビ地獄草」と呼ぶようになり、戦いの場は公園から植物園へと移っていきました。

以前に、とある植栽区画でスギナが繁茂している場所がありました。除草剤は園の方針により使えないので、過去の公園管理と同様、刈り取るしか個体を減らす方法がありません。しかしその場所の面積が二〇メートル×二〇メートルと狭かったので、これまでにない高頻度の機械刈り除草を半年間頑張ってみました。

結果はというと、相変わらず刈る前の状態へすぐ戻ってしまうだけでした。いや、むしろもっと繁茂しているように見えなくもありません。そこで次は手鎌を地面の中へ切り込ませ、根も取ることを試みました。これは人力作業なので機械刈りよりも多くの労力が必要でしたが、地中に伸びている黒い茎や根も結構取ることができました。しかし、刈る前の状態に戻るまでの時間が多少長くなっただけで、解決の糸口とはなりませんでした。

これらの結果、私はようやくある考えに至り、衰退させるには地下に伸びる根系すべてを取るしかないと結論を出しました。地面を掘るバックホーという重機を現場に入れ、地表から三〇センチをすべて掘り返し、出てきた根系や茎を一本一本拾うこと約二年、ようやくスギナの勢力を

砂礫地海岸性区の掘り返し（2016 年 1 月 28 日）

大きく抑えることに成功しました。

　私が至った考えとは、スギナを刈ることはスギナを助けていたということです。スギナは生育場所として土木工事の造成などにより露出した地面を好みます。ブルドーザーで締め固められ、多くの植物にとって生育困難な場所にこそ、スギナはいち早く侵入して大繁茂をします。その後にその場所はスギナの植物遺体を栄養源とする微生物や土壌動物により、柔らかく栄養のある土壌に変わっていきます。そして当初は定着できなかった植物たちが次第に繁茂するようになり、スギナは競争に負けて姿を消していくのです。しかるに、スギナを刈ることはいずれ競争相手になる植物をも刈り取ってしまい、その地位を安泰にしてしまうのでした。

　また、スギナが何度刈っても容易に前の状態に戻る理由は、根が地面から二〇センチ程度の深さに張りめぐらされており、地表で見える各個体はつながっていたからです。地上部だけが刈られても、地下にある根がダメージを受けることはなく、また、茎や根のどこかが切られても、つながっている他の地上部や根からエネルギーの補給が受けられるのです。

　このようなことからスギナを根絶させるためには、生育する場が他の植物に取って代わられる植生遷移が進んだ状態にするか、または、スギナの根が地下で繁茂する前の状態に戻すしかないのです。そして私は後者を選んで根を取り除いたのでした。その後は、スギナが再度定着しないよう定期的に機械刈りを行うことで状態は維持されています。

公園や植物園の管理において、除草は大変重要な作業です。一旦さまざまな植物の生育を自由にしてしまうと、それらの埋土種子や再生能力を持つ根を蓄えることになり、その場所は除草直後であってもいろんな植物があっという間に成長してしまうやっかいな場所となってしまうからです。このような状況を防ぎ続けることは、植物園で環境ごとの植生をジオラマ的に再現している生態区では特に重要です。

たとえば砂礫地海岸性区は海岸の砂浜を再現していますが、その維持には実際の海で定期的に起きている波や強風による裸地化を人工的に行い、次々と根を張る植物の定着を阻害し続けなくてはなりません。そのため、この区画ではスギナ根絶と同じようにバックホーにて地面をひっくり返す作業を年に三回行い、なんとか遷移を止めています。

余談になりますが、柔らかい砂地に生育するニッポンハナダカバチ（口絵㉖を参照）という絶滅危惧種の蜂が、その砂礫地海岸性区にて昨年確認されました。砂地に巣を作る習性を持つこの蜂が見つかったということは、遷移しやすい砂地をきちんと維持管理できていた証拠だと思っています。除草という管理作業は地味で評価してもらいにくい仕事であり、モチベーションの維持に苦労するときがあるのですが、このニュースは大変大きな励みになりました。

水が上がる音を聴く

私が大学生だった約二五年前、聴診器を樹木の幹に当てると水の上がる音が聴こえると話題になりました。購入して試してみると「ザザーゴォー」とラジオのノイズみたいな音がします。これが水の音？と思いましたが、物言わぬ樹木の声を聴けたようで嬉しくなり、その後もいろいろな機会に聴診器を当てていました。

ところがそれから十数年後、聞こえる音の正体は振動する枝葉の音や、樹皮の表面に当たる風の音であることがわかりました。私自身、内部をゆっくり上がる水の音が本当に聞こえるのかと疑心暗鬼だったので、すんなり納得したのを覚えています。しかし同時に、こうも思いました。聴診器を幹に当てていた時間は私に幹の中を流れる水を想像させ、地上から一〇〇メートル以上も水を上げる維管束《いかんそく》についていろいろ考えさせてくれたなと。事実、大学卒業後に造園会社で働く決断をさせたり、森林インストラクターとして活動することを促したのは、まさにそんな樹木との触れ合いだったのですから。

　樹木が水を根から葉まで上げる仕組みは、根・葉・茎を通る維管束によるもので、それは機械的な構造といえなくもありません。実際に樹木の移植で大事なのは、その構造を壊さないように掘り上げ、移植後も機能を維持させることです。つまり、移植の失敗とは、その種特有の構造や個体の調子を理解しないままに行った結果、その構造を壊すか機能低下に至らせてしまうことが原因といえます。

　それを痛切に実感したのが、植物園の温室で栽培していた蔓性木本のヒスイカズラの移植でした。幹直径五センチの小さい個体について、移植のストレスを減らすべく、掘り上げ前に根と葉の量を四ヶ月かけて減少させました。そして移植のときは、残しておいた根を切らないよう丁寧に追い掘りし、植え付けまで五分と迅速に作業をしたのですが、三ヶ月後には衰弱死してしまいました。移植をすることになった理由は、二〇年前から他の温室で大きく育っているヒスイカズラの幹半分に腐朽が入っていることがわかり、枯死前に次世代個体を近くに植栽するのが目的でした。

　元からある個体の幹直径は一二センチで、根の大半はだいぶ前からすでに消失しています。しかし、上方の蔓を掛けるワイヤーから一面に下がっている葉の量は、幅二〇メートル、高さ三メートル、面積六〇平方メートルとものすごい量です。傷んだ幹と根から、どのような構造があってその葉量が維持されているのでしょうか。私は移植前から今に至るまで十分な推測ができていません。これでは枯らして当然であったと痛感しています。

鉢栽培においても維管束について考えることは大変重要です。当園では関東の屋外で栽培展示できない植物を鉢植えにして圃場《ほじょう》で育てていますが、自生地と異なる環境下であることや用土の経年劣化から衰弱する個体が出ます。たいていは土を新しくして水を十分にやれば元気になりますが、中には衰弱が止まらない個体もあり、その場合は水を上げる仕組みを人為的にコントロールしようとあれこれ試みます。

基本的な考えとして、根が元気になるためには葉に十分な光が当たって光合成が旺盛に行われなければなりません。しかし葉に強い光が当たると蒸散が促され、根に不具合があると大きな負担を強います。反対に弱い光で栽培すると蒸散は抑えられて根の負担は小さくなりますが、回復に必要な光合成による生産量は少なくなってしまいます。そこで、強い光が当たっても蒸散が抑えられるように、明るくて湿度が高い場所を作ることがあります。

ところがその環境はちょっとした太陽光の加減で一気に高温の蒸れを生み出すので、深く注意し続けなければなりません。この他にも光の量や当てる時間などをいろいろと試し、よい条件が見つかれば葉色は濃くなり脇芽が生まれてきます。うまくいかない場合は最後の手段で葉と根の距離を縮めるべく幹を切り詰めたり、根を切ったりします。もしすべての甲斐なく枯死してしま

熱帯雨林温室のヒスイカズラ（2017 年 8 月 29 日）

ったときは、根や枝葉を切り分けて断面を凝視しながら原因について考えます。どこかに腐朽があればある程度理由はつけられますが、漠然と衰弱死した個体については想像と推測だけが頼みです。しかしその積み重ねの中に答えが見つかることがあるので、モヤモヤと考える時間を大事にしています。

生命の進化において植物は約四億年前に陸上へ上がり、維管束を発達させて多くの場所での生育を可能としました。私にとって植物の栽培管理は、植物の進化と向き合う仕事であり、生命の大きな流れがあることを実感できるところが魅力です。七年前に、スカイブルーの聴診器を新しく購入しました。今でもときどき樹木の幹に当て、風で揺れる枝の振動にきっと混ざっているであろう水の音を探しています。そして根から葉まで水が流れる様子を想像しています。

樹木は動かない

私の勤務する筑波実験植物園にはセコイアメスギという常緑針葉樹が植栽されています。英名をレッドセコイアといい、樹高一一五メートルのギネスブック記録を持つ樹としてよく知られています。植物園に植栽されている彼らの高さはというと、残念ながら二〇メートルとまだまだ小ぶりです。それでも、プロムナードにメタセコイアと交互に植栽された延長一〇〇メートルの並木はなかなか壮観で、秋に見られる紅葉と常緑のコントラストは見事です。私はそのセコイアメスギのすぐ脇でバックホーに乗っていました。忘れもしない二〇一一年三月一一日午後二時四〇分頃のことです。

作業を終え、地面に降り立つと少し揺れているように感じました。操縦中はかなりの振動を受けるので、その余韻だろうと思っていたのですが、周囲の反応で地震だと知りました。つくば市は日ごろから地震が多く、少々大きい揺れがあっても特に騒いだりしません。しかし、いつもならすぐに終わるそれが、今回はなかなか収束に向かわない。次第にあちこちで「何かが変だ、この地震はいつもと違う……」との声が上がり始めました。その直後です、今まで聞いたことのない大きな地響きが、はるか遠くからすごい勢いで植物園を襲ったのは。

突如始まった轟音と地面のうねりは、その場で硬直する私たちに、激しさを増してさらに迫り続け、その揺れの上限がどこにあるのか、いつやむのか、まったく経験したことのない大変なことが起きていると理解しました。呆然としている私の目の前にトチノキの枯れ枝が落ち、「そうだ、樹を見なければ！」と、初めて植物園全体に意識を向けました。最初に視界へ飛び込んできたのは、震度六弱に揺れる温室。振動やゆがみによって、狂ったように乱反射するガラスに目を奪われました。

次に見たのはセコイアメスギをはじめとする大きい樹々たち。彼らはというと、振動に身を任せるかのように、ガクガクユラユラと不規則に揺れていただけでした。私たちの狼狽ぶりに反し、何も問題がないと言わんばかりに、ずっしりと立っていたのです。それを見た私は、この地震で園の植物に大きな被害が生じることはないと判断し、同時に、その地に根を張った存在に安堵しました。そして彼らの様子を見ている間に、約二分間続いた記録的な大地震は収まりました。

その後の園内調査では、実際、樹木の被害はないに等しいものでした。その場に芽吹いたが最後、その場所から動くことなく長い生涯を生きる構造を得た樹木にとって、地面が揺れるという

セコイアメスギとメタセコイアの並木道（プロムナード、2017 年 8 月 17 日）

のは大したことではなかったのです。

地震により、三日後に開催予定だった蘭展は中止となり、温室は修繕が完了するまで全面閉鎖となりました。さらに空気中には、それまでなかった不穏なものが漂うようになってしまいました。そんな所在ない、落ち着かない毎日でも、植物たちにはいつも通りの春がやってきます。福寿草の黄色、節分草の白、そして梅や桜の赤や桃色。動かない彼らはこの場で春にやるべきこととして花を咲かせ始めたのです。

私は樹木の何かに惹かれ、学生時代から関わり続けてきましたが、あの震災以来、樹木は動かないということの中に、探していた何かを見つけたような気持ちになっています。樹木にとって生涯をかけてやるべきことは、芽を出した場所で育ち、生涯を終えることです。そのためにはどんな厳しい環境であっても受け入れ、最後まで踏ん張って生き続けなければなりません。また、個々の樹木がそれらを積み重ねることによって森林が成り立ち、さまざまな動植物たちがよりどころとして集まり、そんな彼らを厳しい環境から守ります。その場から動かないことは、何かの盾となることでもあるのです。これまでの生命の進化において、その役割を担った樹木の存在はとても重要であったことでしょう。そして受け入れるものが己の限界を超える力であったなら、死が待っています。震災の津波で、岩手県の名勝「高田松原」の七万本あったマツが、一本を残し津波に流されたように。「樹木は動かない」、この樹木の生き様を表すシンプルな事柄の中には、生に対する圧倒的な骨太さと潔さ、そしてはかなさがあるように思えてなりません。

では、動ける私が彼らに対してできること、なすべきことは何なのでしょうか。折しも、震災があった翌年の四月から私は筑波実験植物園の屋外管理を担う班のリーダーとなりました。震災の記憶が思い出されるこの植物園で、そして止まることなく進む植物の芽吹きと成長の中で、私の自分自身への問いかけはまだまだ続きそうです。

植物の回復を根と芽に願う

植物園では採集された小さい株や温室でなければ育てられない植物は、鉢植えにして栽培しています。そこで肝心なのが栽培用土です。用土に求める機能は排水性と保水性の両方を兼ね備えたもので、基本的には粒状の赤玉土と鹿沼土と、堆肥となった腐葉土を混合したものになります。赤玉土は崩れる時間が早く、それらが土の粒の間を詰めてしまうので、鉢植えしてから数年もすると排水性と保水性はどんどん低下します。そんなことから、鉢植えされた植物が弱ったときに一番最初に行うのは植え替えです。たとえ用土に劣化が見られなくても、やはり植え替えを行います。目的は、植物が持つ再生しようとする能力を刺激し、若返らせることです。

具体的には鉢の中で巻いている根をほぐし、腐朽部があれば取り除き、地上部を根の量に合わせて切り詰めます。そして整理した根に合うサイズの鉢を用意し、準備した用土を使用して植え込みます。これにより新芽が促進され、春などの適期に行ったならば夏には驚くような復活を見せてくれたりするのでした。鉢栽培は、これら植え替えなくして長期にわたり維持していくことは不可能であり、圃場では一年を通じて作業を行っています。このことは、動物のように動けない植物は環境の悪化に対してものすごく弱いということの表れでもあり、それはそのまま自然に生育している植物も同じなんだろうなといつも思っています。

植物が弱るのは、体の維持に必要なだけの光合成が順調に行われなくなったからで、その原因について解決できれば、すんなり回復へ向かわせることができると思います。しかしたいてい原因はよくわからないので、鉢栽培の草本などはその個体の根元から新しい芽が出るのを促し、植物体そのものをリニューアルさせます。しかし木本の鉢はそうはいきません。草本のように根元から簡単に新芽が出ないからです。となると今ついている葉の光合成を活性化させるか、脇芽から新葉が出るのを促す以外にありません。そこでできることといえば、根にとって少しでも状態のよい土に変えたり、ちょうどよいと思われる明るさや温度の場所へ移動させることしかなく、どれも効果を得ずに衰弱していく鉢をいつもどこかで抱えています。

地面で大きく育っている樹木については、内部の腐朽箇所を取り除く「外科手術」と呼ばれる手法がこれまで大きくクローズアップされ、私も造園会社にいたときはそのような仕事をいくつかさせてもらいました。この作業は後々に広がる腐朽の速度を落とし、また、開口した部位を形成層の発達で閉鎖させることが目的なので、早急に樹勢を回復させるものとは異なります。なるべく短期間での回復を目指すのであれば、土壌環境改善や光環境改善が望まれます。しかしここで新しく考えなければならないいろいろなことが生じます。どのような作業であれ、樹体の大きさに見合った大きい労力が必要となるからです。

たとえば直径三〇センチの樹木が、周辺土壌が加湿になったことを原因に衰弱したとします。そこで回復させる作戦として、その場所で一旦掘り上げ、地面を高くしてから植え戻すことにしました。その場合、根鉢を掘り上げるのには重機のバックホーが必要で、吊るし上げるのにはクレーン付きトラックが必要です。また、地面を高くするにはその分の土をダンプなどで搬入しなければなりません。それら重機類の搬入経路と設置場所が近くにあればいいのですが、もしなければ、遠くから吊るすことができる大型のラフテレンクレーンを離れた場所に設置して作業することになります。それが無理なら、樹を高い場所に植え直す作業はなかなかに難しいものになります。

さらにもっと大きい樹を掘り上げて移動させるとなれば、大型のラフテレンクレーンだけでなくトレーラーも必要となります。道路から現場までに舗装された道路がなければ鉄板で仮設道路を作らなければならず、その運搬費と設置費と日々リース代は安くありません。また、腐朽部の外科手術を行うために足場を組んだ場合も、その期間中の日々リース代が発生します。これら重機の使用計画、搬入計画、そして費用の計算が樹木の治療には不可欠で、時として治療自体が土木工事と変わらないこともあります。もっとも、その知識や経験を持っていなくても土木業者を交えたチームで作業に当たればいいので、大きい樹木だからといって恐れることはないとは思います。一番大事なのは、樹木を回復させるための知識やアイデア、そして熱意です。しかしそうはいっても、鉢植えのものに手を施すのとはいろいろ勝手が違うことには注意が必要でしょう。

　樹木の根を多く発根させるには、根回しという手法が確立しています。手間も費用もそれほどかからず、また成功率も高くて大変すばらしい手段です。同様に、幹や枝から不定根を出させる手法もほぼ確立しており、根を用いた回復方法は今後もいろいろと出てきそうです。ところで、私には長年なんとかできないものかと悩んでいることが一つあります。これまでどうにもできず、誰かが手法を見つけてくれるのを待っているのが、不定芽の誘導です。徐々に衰弱していく鉢植え樹木の根元を見ながら、一本でいいからひこばえが出ないものかと思わない日はありません。実際に地面で生えている樹だと、腐朽で地上部が衰弱してゆくに際して数本のひこばえを出し、それが後に幹となって樹が再生されるのはごく普通に起こっていることです。それと同じ現象がどうして鉢栽培で自在に起こせないのでしょうか。

　きっと、衰弱するまでに培われる根の量が関係していると思っています。樹木の鉢栽培では、管理スペースの確保と重量軽減を目的に、大抵は鉢のサイズを小さく抑えがちです。これでは地面に植栽された場合と同量の根が張れるわけがなく、それは根に蓄えられるエネルギー量に反映されるはずです。衰弱に際し、ひこばえを出す余力が根の中にないかもしれません。では、十分に根を張れるほどに大きい鉢で栽培をしたらどうなるかというと、成長そのものが良好になるので、ひこばえに出てほしい願うほどの衰弱そのものがなくなります。どうやら衰弱した鉢植え樹木について、ひこばえを成長させて回復を図りたいという私の考えは、かなり植物の都合を無視した勝手な願いのようです。視点を変えて、樹木の衰弱は根から葉までの水を送るシステムに何らかの問題が生じているのは間違いなく、そこの機能回復だけでも可能になったならば、樹木の保全は飛躍的に進むだろうとも考えています。これに関する技術確立のほうが、現実的なのかもしれません。

とは言いながらも、私の理想はしつこいですが、やはり不定芽の誘導です。幹や枝から自在に出せたなら樹形を好きなようにコントロールでき、根から直接出せたなら樹体を何度でもリニューアルすることが可能になるではありませんか。諦めきれません。しかし、それは何かで間違うと無限に枝を出す根絶の難しい樹木を世に放つことになるかもしれず、また、個体の長寿は世代交代を阻害することにもなりかねないので、まだちっとも確立していないその手法に今から心配もしています。

緑の匂い

冬が終わり三月になると、小さい緑の葉っぱたちが茶色一色の地面にちらほら出てきて、その小さくかわいい姿に春の訪れを感じます。毎年繰り返されることではありますが、植物たちの新しい息吹を目にして安堵すると同時に、これから一年の変化に何かワクワクしてしまいます。しかし四月下旬のあるときから、そんな気持ちと反するかのように、彼らを雑草と呼びながら秋まで除草することが始まるのです。

庭や公園と同じように、私の勤務する植物園でも除草は年間作業の中でとても重要で、かつ、労力を必要とするものです。密集して丈の伸びた草たちは外見がだらしないだけではなく、人が入るのを拒みます。さらに、そこに植栽されている植物にとっては競争相手となるのです。逃げ場のない太陽の下でその本業をいつからスタートさせるのか、春先の私は植物の発する緑の匂いに敏感になります。それらは暑さとともに強くなるもので、春であっても夏日のような日は、熱気と湿度を含んだ濃い緑の空気にめまいすら感じます。

　そして五月前、草たちの成長がまさに爆発するその瞬間、目には見えなくとも蒸散によって放出されているものの質や密度に、大きな変化を感じます。それが除草の合図です。緑の匂いは私にとって除草をイメージさせるものであり、匂いの濃さは労働の大変さに結びついています。そうかといって私は草たちを嫌っているわけではありません。彼らのすごさに畏敬の念を持っています。それはかつて、ある植栽地の除草をした結果、大変苦い思いをしたことがあるからです。

　新潟の造園会社に勤めていたときのことです。早春に、海から近い公園で樹木の植栽工事がありました。植栽箇所の地面を掘ると完全な砂地で、水を保持する能力は大変低いことがわかったのですが、設計では保水能力が過剰な赤土の排水機能を高めるような土壌改良が指示されていました。しかし公共工事の設計に間違いはないだろうと、指示があった通り工事を進めたのでした。植栽終了後にたびたび灌水《かんすい》へ行ったところ、成長が良好だったので、土壌が乾きやすい性質であることをいつしか忘れてしまいました。

　そして六月頃、元請会社から雑草の勢いがすごいので除草を行えとの指示があり、見に行けばエリア全体に丈が一メートル以上にもなった草が出始めています。除草は植栽業者が一定期間行う義務がある仕事だったので、私はなんのためらいもなく作業を行いました。するとその直後から樹木が枯れ出したのです。原因は、水不足です。その場所の日射環境は海の砂浜と同じであり、たとえ潮風に強いとされる植物であっても、何の環境対策もなく生きられる場所ではなかったのです。そこでは雑草が、土壌の乾きを抑えるマルチング代わりになっていたのでした。

　事態に気づき慌てて樹木の根元にウッドチップを敷き、灌水の頻度や量を増やしましたが、一向に植物の衰弱は止まりません。灌水が行き届いているか土の湿り具合を確かめようと手を地面に当ててみると、いつも焼けつくような熱さです。そこで周囲の雑草が茂っている場所でも同じ状況なのか確かめてみれば、温度はそこまで高くなく、灌水をしていないのに湿り気もあります。どうやら私が抜き取った丈の高い雑草たちは、地面の蒸発を防ぐマルチング代わりとしてだけではなく、自身の日影で地面の温度を下げ、また、強く照らす直射日光を緩和し、新しく植栽した樹木が強光にさらされないように守っていたのでした。私はその後半年にわたり、衰弱して枯死していく多くの樹木を見続けました。唯一できたことは、競争とはいったい何だろうと考えることだけでした。

　樹木たちが元気だった頃の雑草あふれる緑の色と匂いにみちた景色と、除草後の灰色の砂がギラギラと照り返す中で緑の色と匂いが失われた景色。どこかで植物がジワジワと枯れていくさまを見るたびに、今でもその二つの景色を思い出します。あのような現場で何の疑問も持たないまま設計通りに植栽をし、さらに除草まで行ってしまった手痛い記憶は、植物の命をイメージさせる緑の匂いとつながって私の脳裏に深く突き刺さっています。

緑陰

「それではみなさん、この緑陰《りょくいん》の下に集まってください」

私が植物園案内でよく使う言葉です。その漢字が頭に浮かばない人や、特に子どもたちには、「木陰《こかげ》のことですよ！」と少々説明が必要になるのですが、これをきっかけに話題を展開できるので好んで使用しています。樹木による影は、子どもだったら遠足や運動会のお昼、大きくなったならば散歩の休憩やスマホのチェックなど、人生を通じて数えきれないくらい利用するものですが、それが緑の葉っぱの集まりから作り出されていることを意識する人は少ないでしょう。せっかく植物園に来たのですから、その影ができている意味を知り、植物たちの光を得るための苦労に気づいてほしいと思っています。

四月上旬から五月末まで、植物園の各所にある池や流れでは大量の藻が発生します。毎日網ですくって取り除いても、翌日には元通りかそれ以上になり、その繁殖力に手こずります。六月に

春先の林床に咲くムラサキケマン（多様性区西、2006 年 4 月 13 日）

入ると次第に収まりますが、その理由は空にあります。冬が明けてから周囲の落葉樹が緑の葉を展開するまでの春のひととき、太陽の光が水面に届くのを遮るものはなく、藻は光合成をおもいっきり行えるからです。同時期の林床も同様で、空が明るい間はスプリングエフェメラル植物をはじめ、ホトケノザやムラサキケマン、ヒメオドリコソウなど多くの草本が競うように花を咲かせます。

しかし、林冠が閉鎖されて森の中が暗くなると彼らの勢いは静かになっていきます。常緑樹林下に至っては年間を通じてさらに薄暗く、植層は貧弱なので園内管理で除草作業を必要としません。大きい植物の強い影響下に生きるものたちの生活に意識を向けると、彼らの世界では他者よりも丈が低いことがいかに光合成に不利なのかがわかります。樹木の影を表す「木陰」には、木漏れ日の下で人々が談笑しているようなシーンが似合いそうですが、その「木陰」には、エネルギー生産の結果に生まれる緑葉の影と、他の植物と戦う武器として作り出す緑葉の影の二面があり、植物たちが繰り広げている戦略がまさに投影されているのです。「緑陰」はそれらをイメージさせる、うまい単語ではないでしょうか。

他者の光合成を妨害するほどの影ですから、夏の林冠下は周囲よりもマイナス五℃と涼しくて、太陽から逃れて過ごすには快適です。しかもその林冠は、壊れれば自己修復して再び閉鎖するすごい仕組みを備えています。動物や昆虫たちは、日差しから守られた穏やかな空間を住みかとし、植物と共に進化してきました。では人間はというと、森や林の太陽光を緩和する機能を利用して住まうというのが得意ではないようで、緑陰に囲まれた住居は別荘地以外ではあまり見かけません。事実、文明の歴史は、森を切り開き更地を造成して家を建てることでした。そして現在は屋根のソーラーパネルで発電し、さらに電力を購入して一日中クーラーをつけています。

林冠下での生活を想像すると、夏は涼しいけれどやや暗いので、昼間でも灯りをつける必要があるかもしれません。もし周りが落葉樹ならば、冬は明るくなるので暗いのは半年だけかと思いますが、常緑樹ならば年中暗いうえに冬はとても寒そうです。他にも、湿度や動物や害虫などいろいろと問題がありそうです。でもですよ、火星へ移住することを本気で計画している記事などを見るにつけ、森や林の中で緑陰を生かした住宅街を作ることはできそうな気がしてなりません。

私がモヤモヤと想像しているのは、スターウォーズエピソード6で小熊みたいなイウォーク族が樹上に作り上げていたツリーハウスです。あれをベースにインフラ整備がされた近代版が私の希望です。まあ、売りに出されたとしてもきっと高価で私は住めないとは思いますが、家に近接した高木の剪定《せんてい》や危険木の伐採、樹木の治療など、未来版庭師の仕事をさせてもらうことはできると思います。私の将来の働き口の確保にもつながるので、どなたか森の中の住宅街を実現させてくださるよう、よろしくお願いします。

クロマツと潮風と木バサミの音

今から二〇年近く前、新潟で無職だった二七歳の私は、とにかく樹木に関わって生きていきたいと考えていました。まだ若いうちに体当たりでやれる職業に就きたいとの思いで、家に近い造園会社を電話帳から探して面接のお願いをしたところ、突然の話に二社は門前払い、三社目でやっと会ってもらえました。しかし、身長一六八センチで体重四五キロの青白くヒョロヒョロとした私を見た社長は、明らかに落胆した様子でした。

二〇代後半からでは年齢的にも体力的にも職人になるのは無理だと強く諭されましたが、粘りに粘って五日間だけ使ってもらえることになりました。そんな気合い十分な仕事初日、七月七日の炎天下、草刈りゴミをダンプに積む作業に体がついていけず、数回嘔吐してダウン。怒鳴られながら情けない一日目を過ごし残り四日間も同じような日々を繰り返しましたが、気がつけばその後六年間働かせてもらいました。

上：新潟市役所のクロマツ（2017 年 8 月 22 日）
下：大きいアカマツの剪定状況（新潟県聖籠町、2016 年 9 月 14 日）

新潟市は日本海に面して細長く、景色の中には必ずクロマツがあります。近年の庭離れやガーデニングの影響で状況は変化しつつありますが、管理仕事でマツの剪定は依然として重要です。一般的な仕立てマツの大半は高さ三メートル前後であるのに対し、古町《ふるまち》という繁華街の裏に広がる風情ある下町や寺にあるものは大きいものばかりです。そんな家に代々あるクロマツの一番上から頭を出すと、見渡す限りの古い民家の屋根瓦がつながって一枚に見え、普段味わうことのない特別な景色が広がっています。朝八時台の静かな町並み、うっすらと香る潮風。木バサミが枝を挟む音だけが絶え間なく響き始めます。

庭師がマツの剪定を許されるまでには大変な修業と時間がかかるとされている中、私は幸か不幸か入社当初からクロマツの剪定を教えられました。広葉樹は枝を選んでハサミを入れ、マツは芽を選んでハサミを入れるのですが、広葉樹の雑木すらまともに剪定ができないというのに、マツの新芽が混沌と出ている海の中に放り込まれた形です。どの芽はどこから出ていて、どの芽を残すべきなのか、まったくわかりません。しかし「見て覚えろ」の鉄則があり、親方からのアドバイスは「一芽だけ残して全部切れ」のみです。立っているだけでもクラクラする真夏の太陽の下、周囲で途切れることなく響く木バサミの音に迫られながら、自分は何一つハサミを入れられない……。

親方の怒号に焦り、いつも枝先についた芽だけを無我夢中で摘みました。しかしそのようなや

新潟の夏は各所でこのようなクロマツの剪定が見られる（新潟市、2017年7月19日）

り方をすると、翌年には新芽がコブ状に吹き出て樹形を乱すやっかいな塊ができます。庭師たちは誰がどの樹を剪定したかは忘れないもので、まずい剪定をした当事者は年を越えて叱られます。

日本の剪定とは、小さい箱庭の中に樹体サイズを維持させ続けるために行うことが多く、いま空間を専有している主たる枝を取り除き、その空間に若い枝を新たに伸ばしてやることが要といえます。仕事を始めてから三年目のある日、クロマツの新芽に埋もれながらそのことを突然理解しました。そうか、そういうことか。いま目立っている芽を大きく切り戻し、その後ろに控えている芽や枝を先頭にしてやるんだ。しかし、枝を多く切ると樹は弱ってしまうし、少ししか切らないとすぐに大きくなる。いったい、どこにハサミを入れればいいのだろう……。そんなことを考えながら、マツの新芽が伸びる枝を漠然と眺めていたら、なんと、先人が前年ハサミを入れた痕跡が目の前の枝に見て取れるではありませんか。

樹の枝は、昨年に作られた冬芽が春に芽吹いて秋まで伸び、また冬芽が作られ、翌年の春に芽吹いて伸びることが繰り返されて形作られます。その一年ごとの枝の伸長を「シュート」と呼び、見方がわかると、枝を構成する各シュートが何年前に芽吹いて伸びたのかが大体判断できます。別の見方をすると、過去にハサミで切った断面の位置から、何年前に切ったのか、または、何年分切り戻したのかが、大まかにわかるのです。私はようやくそこに気づき、一見無秩序に伸びているように見える新芽と枝が、じつは整理されながら維持されていたことを知ったのでした。まさか、どこで切るかの考え方が記されたお手本がいつもそこにあったとは……。

堰を切ったようにハサミが勝手に動きだし、それまでは怖くて切り落とせなかった位置まで大胆に枝を切り戻し始めました。そうして仕上がったマツの、空を背景にした葉の透け具合、枝の柔らかさ、貝作りのふわりとした感じ。親方から初めて少しほめられました。庭に響きわたるリズミカルな木バサミの音のはしっこで、ようやく自分のハサミの音を鳴らせるようになった夏でした。頭でっかちだったからたどり着いたのか、「見て覚えろ」の真髄だったのか、未だによくわかりませんが、親方たちの偉大さに気づいたときでもありました。

私はそれをきっかけに剪定の面白さへどんどん引き込まれ、より大きい樹の剪定に挑むようになり、ハサミを握って二〇年が経ちました。今は理屈よりも感覚重視になっていますが、あのひらめいたときのドキドキはいつも新鮮なまま、枝や芽を追うたびに蘇ります。

裏方仕事——掃除は重労働

木漏れ日の中、樹々と会話をしながらのんびりとハサミを入れていく……。私が造園会社で働くまでに抱いていた剪定へのイメージはそんな程度のものでした。庭師がテレビや雑誌などで紹介されても決して表に出ない「掃除」という仕事の存在を知らなかったからです。樹形をかたち作り、風になびく枝葉たちは、幹から離れた途端に重くかさばるやっかいなものへと変わり、一般的な家庭や学校で行われる掃除とはまったく次元が異なる作業が発生します。それは裏方仕事でありながら労働量や費用面で大きい部分を占めるもので、私に肉体労働のつらさと自然界を相手にする仕事の大変さを叩き込んでくれました。

「掃除」は剪定で落とされた大きい枝を長さ五〇センチ以下にバラすことから始めます。処分場の引取り規定にそう定められているからですが、細く狭い通路でも運搬しやすくし、より多くをダンプに積むためでもあります。剪定する親方たちの調子が上がるにつれ、庭をうっそうと覆い茂っていた枝々が地面に積み重なります。新人の要領を得ない道具さばきでは遅々として作業は進まず、脚立の移動先が手つかずのままだと仕事の遅さを叱られます。枝を切断して細かくする作業は、じつはそう簡単ではありません。枝には少ない力で切れる位置や方向があり、ハサミやノコギリの使い方にもコツがたくさん存在します。筋力頼みのバラしではスピードに限界があるうえ、技術の未熟さが見てとれて世間体がよくありません。新人はハサミやノコギリの正しい使い方を早急に体得することを求められるのですが、助言のないまま大量の枝葉の中に放置された状態でもがき続けることになります。

次なる作業はダンプまでの搬出です。マツの剪定では、ゴミの大半はマツの芽が占めるのですが、針葉が塊になっているので体積のわりに重量があり、見た目は少ないようでもかなりの重さになります。かさばる枝と重いマツの芽。運搬効率を考えるよりも先に手を動かし、ただひたすらアリのように黙々と運びます。ダンプへ着いたら今度は荷台への積み上げです。台への高さは一メートル、その上に飛び上がり、腕力でゴミを引き上げて奥から積み重ね、体重を込めて念入りに踏みつけます。荷台が埋まりそうになったら両端にコンパネを当て、積める高さを嵩上げです。

運ぶ、荷台に上がる、引き上げる、積み重ねる、踏む、という作業を繰り返すと、放心状態になる頃には二トンダンプ一台の山積ができあがっています。その量、重さにして約五〇〇キロ～

一トン弱、雨天時ならばそれ以上。実際のところこれだけの枝葉が一度に出るような大きな庭はあまりなく、また、掃除はたいてい複数名で行われますが、それでも真夏日には約四リットルの水分が汗に消えます。私が抱いていた、のんびりとしたイメージとは程遠い「剪定」という名の重労働。精神鍛錬かと思う場面が多々あります。

最後の大仕事は、庭そのものをきれいに仕上げること。樹木にとって一番ストレスを受けるはずの夏の時期に仕事が集中するのは、お盆の客人を迎える準備として依頼されることが多いからです。夕暮れ前の気力が切れる寸前、小ボウキを片手に地面に這いつくばって仕上げを行います。小ゴミの他、雑草、溜まりに溜まった落ち葉、コケ以外の地表を覆うすべてを取り去り、見た目にスカッとさせて仕事は終了。最後は汗だか泥だかよくわからない何かで全身をグダグダに汚し、山積みダンプを運転して帰ります。

庭を離れるその直前、枝の引っかかりや忘れ物などを見て回ります。疲れすぎてボーッとしている頭に思い出されるのは朝一番のジャングル状態。そして、掃除で下ばかり見ていた一日の中、初めて庭を庭として見ている目の前の景色。「あぁ、こんなにきれいになっていたんだ」と、自分の仕事の意味がわかったような気がして充足感がスーッと満ちてくるのがわかります。剪定後の樹々が発する独特な緑の香りの中、植物たちもなんだか元気になったようにも思え、明日も続く重労働に不思議と懲りもせず意欲が湧き出てくるのでした。

樹の下で揺られる

　葉っぱの緑がまぶしい五月から一〇月、私は息子たちとキャンプによく出かけます。キャンプ場に着いて最初にやらなければならないことは、一般的にはテントサイト選びだと思いますが、私の場合はちょっと違います。テントを建てるよりも大切なことがあり、サイトに着くと大きな樹々の間を測ってちょうどいい二本を探すことから始めます。その目的は、キャンプをよりキャンプっぽくさせるアイテムの代表で、子どもも大人も一度は遊んでみたいアレを最もベストな場所に吊るすためです。そう、ハンモックです。

　設置自体は簡単でほとんどの樹に取り付けられるのですが、大人が十分に体を伸ばすのに理想的な間隔で立っている、直径三〇センチ以上の二本の樹を私は求めています。まず、距離が短ければ体が折れ曲がり、当然窮屈極まりない。距離が長ければ、ロープを足して固定することになるのですが、これがきわめて不安定。どっしりとした大きい樹にちょうどいい長さで結びつけてこそ、心地よいユラユラが生まれ、かつ、時間帯に関係なく緑陰に包まれるのです。

そしてそのような樹に取り付けられたハンモックに寝そべったことがある人は、きっと一度は体験したことがあると思います。仰向けの眼前に表れた景色に、思いもよらず感動したことが。おそらく、空に広がりつくす枝葉の様子に、じわじわと驚きが湧いてきたのではないでしょうか。気がつけば、無数の隙間からこぼれる青空の輝きに目を奪われていたと思います。

自分の体重にまったく動じない樹木に、深く張られた根の存在を想像したことでしょう。そしてたぶん、今まで以上に樹の生命力を強く感じ、その巨体を支えながら空を覆うことの目的に考えをめぐらしたり、知らないうちに樹木や自然に深く浸っていたはずです。立って仰ぎ見るのとでは間違いなく違うものが、仰向けで見るその世界にはあるのです。私にとってハンモックは、身近にある林や森を劇的に癒しの空間に変えてくれる魔法のアイテムであり、それなしでキャンプは成り立たないのです。

私の息子たちにとって、ハンモックは時に秘密基地となり、時にジャングルジムとなります。大きく揺らしてあげるとそこは大シケを進む海賊船となり、「帆を上げろー！」の絶叫がキャンプ場に響きます。気がつけば知らない子どもたちも一緒に乗っており、初めて体験する縄で編まれたベッドに夢中になっています。私が夕食の準備を終え、あちらこちらから焚き火の炎が上がる頃には静かになり、ふとハンモックに目をやると息子兄弟だけが揺られながら無言で上を眺め

ハンモックに揺られる 3 人の息子たち（つくば市某キャンプ場、2015 年 3 月 28 日）

ています。その先にあるのは、黒い姿に変わり始めた林冠と、夜へあと一歩の夕暮れ空。邪魔をしないように私は立ったまま森を仰ぎ、彼らが今感じているものを想像します。もう何回も体験しているだろうに、新しい何かを得ているのでしょうか。普段あまり見ることのない物思いの表情がいつもそこにあります。

私が一人でハンモックに揺られることができるのは、息子たちが花火を終え、ランタンの明かりにつられてテントに入ってからです。たいていその時分はお酒の飲みすぎで、しばしば半回転して落ちたりするのですが、なんとか水平を保ちつつ静寂を見つめます。町が近いからなのか、空は藍色で枝葉がはっきりと見え、空間を複雑に占有しあっている様子がよくわかります。そして、それらが織りなす重厚さに圧倒されつつ、次第に自分と自然界とに隔たりを感じ始めます。森に広がる静かな闇は夜の生き物たちの世界であり、私は部外者であることをこのユラユラが気づかせてくれるのです。もしここが人里離れた山奥だったら、はたしてこんな暗闇に一人でハンモックに乗っていられるだろうかと恐怖心も生まれます。

そんな心持ちでも黙々と酒は進み、ダラダラと時は過ぎ、酩酊と揺れの相乗効果でいろいろなことが頭に浮かびます。まれに瞑想し、よいアイデアに恵まれたりもします。しかし、翌日になってそのときの冴えた思考をほとんど思い出せないので、再度ハンモックに揺られるべく次のキャンプ計画を立てるのです。

香る樹々

夏の緑陰が続く樹々の下、濃厚な緑の匂いの中でかすかに漂う甘い香りに気づきます。突然に嗅覚を刺激してくるそれは、まさにザラメを熱しているかのような香りでしょうか。思わず周囲を見回し、お祭りの屋台でもあるのかと探してしまいますが、ここは私の勤務する筑波実験植物園の森。そんなお店は出ていません。不思議なその匂いは八月初頭から出始め、遅くは一月ぐらいまで続きます。約半年という長さを考えると、どうやら花が出どころではないようです。

そう、その正体はカツラの黄葉。地面に落ちている茶色い葉っぱの中のマルトールがその正体でした。カラメルの香りの主成分と同じものだそうです。どうりで綿菓子の懐かしい思い出が条件反射で浮かんでくるはずです。そして夏の真っただ中にあって、私の目の前にはうっすらと落葉の景色が現れ、秋の足音が聞こえはじめたような錯覚に陥ります。

植物園は何を目的に行くところ？と問いかけがあった場合、植物の観賞をするところという答えが代表的かと思います。加えて、いつも花が咲いているイメージがあるのではないでしょうか。このようなニーズがあるので、多くの植物園では、四季を通じて花の群落が見られるように趣向を凝らした植栽をしています。筑波実験植物園はというと、基本的に植物の収集数が重要で面積もそれほど大きくないので、株数を増やして花の勢いを見せることに力を入れていません。

その代わりといってはなんですが、当園には他ではなかなかないであろう植栽があります。それは、ゼロから作った四〇年生の人工の森です。常緑広葉樹林、常緑針葉樹林、暖温帯落葉広葉樹林、冷温帯落葉広葉樹林と、四つの植生を再現した区画からなっています。筑波実験植物園ならではといえる場所で、私が園内で一番好きな場所でもあります。来園者の方々に是非とも紹介したい区画なのですが、問題は短い滞在時間の中で伝えたいことを得てもらうのが難しいことです。そこは五感をじっくりと使って植生を感じることが必要な区画なのです。

植物園に勤務するようになってあるとき、私は四つの森のそれぞれから発せられる緑の匂いの違いに気がつきました。それからというもの、そこに意識を集中すると、ちょっとした匂いをきっかけに過去に歩いたあちこちの森の景色が頭をよぎるようになりました。どうやら匂いは記憶と強い結びつきがあるようです。以来、五感の中でもとりわけ嗅覚を大事にしたところ、四季の移り変わりが今までより感じられるようになってきました。

私が特に好きなのは、春から夏へ変わる際のコクサギの香りです。六月の終わりごろ、森の中

上：カツラのハート形の葉（中央広場、2014 年 5 月 8 日）。黄葉するとカラメルのような香りを発する
下：コクサギの葉（暖温帯落葉広葉樹林区、2017 年 8 月 17 日）。香りが特徴的だが、1 側に 2 葉ずつを出す変則的互生も大きな特徴

に柑橘系のさわやかな香りが漂ってきたら、コクサギの新葉がしっかりと成長し、夏へ向けて旺盛に光合成を始めた合図です。そして森全体の蒸散による緑の匂いが薄くなったならば秋への変わり目、地面の腐植の匂いに気づいたならば、そこはもう冬の入口です。

そうやって意識して蓄えた匂いの経験は、私にもっといろんなことを感じさせてくれます。たとえば、天候や湿度の変化です。森の中にいて、よどんでいた空気の匂いがさっと晴れていったならば、林冠の上を照らす太陽の陽が強くなったからです。晴れた日に土の匂いが濃いならば、普段より湿度が高い証です。また、樹の葉の香りをかぐのも私の楽しみで、リラックスしたいときはアブラチャンの枝を取りに行きます。なんとなく気分転換したいときはゴマキの枝、喝を入れたいときはサンショウの葉っぱを採取です。さらにもう一発欲しいときはサンショウの実を噛み潰します。採りたてですから、それはもうガツンときます。

修学旅行の高校生を案内するときは、なるべく森の中へ連れて行きます。目を合わせず、何を話しても反応しない生徒が少なくないのですが、葉っぱや枝の香りを体験させると表情が変わります。そして自分たちから進んで森の匂いの違いを探し出そうとします。もしかしたら、五感を駆使して何かを感じる機会に飢えているのでしょうか。そんなこともあり、当園の森は感受性を高める教育や癒しにも使えるのではないかという可能性を感じているところです。

暑い、寒い、濡れる

私が雨天時に着るカッパの左胸には、イルカのマークがついています。漁業を営む人たち向けに作られたゴム生地のもので、通気性ゼロと引き換えに防水性が抜群に強いのが特徴です。ゴム製のため結構重いのですが、その分、少しぐらい枝が引っかかっても破れることがないほど丈夫なので、台風の最中でも、工事用のヘルメットを被り、私は黙々と現場に出ます。激しく打ちつける豪雨、横殴りの風、夏であっても急激に体温を奪うそれらは、全身をもって自然の大きなエネルギーを体験できる貴重なものです。その中で仕事をすると、自然の強さと生き物の弱さについて自然と思いがめぐります。

空の下が現場の外仕事は、四季の移り変わりを見ながら過ごせるところに大きな魅力がありますす。晴れ渡ったすがすがしい青、そよ風になびく葉っぱの緑、そこかしこに咲く花の鮮やかな赤や黄色、日々刻々と変わる景色に飽きることがありません。しかし、仕事の現実はとても過酷なものです。夏は逃げ場のない日差しの中でジリジリ焼かれ、服を絞れば滴るほどの汗をかきます。冬は指先がかじかんで動かず、雨や雪が降れば襟や裾が濡れ、カッパを着ての重労働では内側が蒸れてしっかり濡れる……。すがすがしいとか気持ちいい日なんてものは、はたして一年のうちどれぐらいあるのでしょうか。

四季の中で仕事をするというのは、取り巻く自然に耐えて働くということであり、その場に立つだけで大きな疲労を伴う過酷な肉体労働です。体がそれほど丈夫でない私においては今日をよく乗り切れたなと思う日が一年の中に何日もあって、疲労が蓄積されれば体調を崩したりもします。でも私は外仕事を止めることができません。以前勤務していた造園会社の親方の一人が、駆け出しの頃の私に言いました。「一度外仕事を覚えた人間は、もう外仕事しかできない」。この言葉が呪文のようにまとわりついているからでしょうか。しかし、その意図を見いだしたいとの思いもあり、今日も外仕事で汗を流します。

私の毎日は常に植物と共にあり、空の下でのんびり生きているわけではない植物たちの姿がそこにあります。たとえば暑い日には、水不足から葉や花びらをうな垂れ、強く打ちつける雨には葉や花を落とします。大風が吹けば樹木の小枝はちぎれ、大枝は折れます。寒い日には霜によって地面の土が持ち上がり、根が露出してしまうこともあります。しかしすがすがしい日には、気持ちよさそうに花びらをなびかせ、自身の生命を謳歌しているかのようです。

そんな彼らと一緒に過ごしていると、ふとした瞬間に、同じ自然を共有したような感覚が生まれることがあります。私にとって外仕事とは「暑い、寒い、濡れる」という不快極まりないものですが、実際に自然界は「暑く、寒く、濡れる」ものです。私たち人間も他の生命と同じ環境に身を置く者であるのに、現代では服や建物によって自然を隔て、その厳しい自然から目を逸らしがちです。かつて親方が言った「外仕事を覚える」とは、そのことに立ち返り、自然の中からこそ充足する何かを得られるようになることだったのではないでしょうか。

外仕事には農林業や他にもいろいろとありますが、私の場合は植物、特に樹木に対して、何かを得てしまったのだと思います。造園の仕事に就いてから、剪定や移植などを通じて自然界の仕組みが見えそうな錯覚に陥るようになりました。また、いつしか自分と自然界の何かがつながっているような不思議な感覚も生まれ、私が日々の生活を送るうえでとても大事なものとなっています。そしてこれからも続ける外仕事から、もっとさらなる次の何かを得られると信じています。

そんな強そうな心構えとは対照的に、それほど頑丈にできていない私の体に自然の力は大きすぎて、全身を雨に打たれた場合は通気性と軽量性を求めた生地の薄いヤッケの類では大きく体温を奪われます。造園会社に勤めていたとき、そのことが身にしみた私が望みを託したのが、重いゴム生地でできたイルカマークのカッパです。それを着てようやく、雨に思う存分打たれるようになれたのです。

そんな次第ですから、強い雨の日にカッパでの外歩きはあまり強くお勧めはできないのですが、弱い雨のときだけでもたまに体験してはどうでしょうか。全身で雨粒を感じると、傘とは自分と自然を隔てるものであることに気づけると思います。その感覚の中で周囲に目をやれば、細く弱々しい草木たちが同じ雨に打たれている様もわかるでしょう。眺めている内にじわじわと植物と一体感が生まれ、同時に、カッパがなければそこに立てない人間の弱さもわかることでしょう。

なお、カッパを着た際は、つば付きの帽子を被ってから付属のフードで頭を包み、それから襟元内側にタオルを巻くと雨の侵入が防がれ快適です。そしてジーン・ケリー主演「雨に唄えば」の主題歌を口ずさんだなら、とても楽しい気分になれること間違いありません。私はポール・ニューマンとロバート・レッドフォード主演「明日に向って撃て！」の主題歌「雨にぬれても」を静かな口笛で流し、ちょっぴりほろ苦い気分になるのがお気に入りです。

夏の強剪定

植物園で仕事をしていると、来園者から作業内容について質問を受けることがあります。七月から八月、樹上でノコギリをギコギコと動かしているときに聞かれるのが、真夏に樹木の剪定を行っていいかについてです。

「はい、一年中剪定できますよ」と、にこやかに答えますが、質問者はたいてい不安そうな表情で私を見続けます。たぶん剪定には不向きとされる猛暑の中で太い枝を容赦なく切っているからでしょう。そこで私は、「樹の顔色を見て、どこまで強く剪定できるのかを判断しているので大丈夫です」と続けます。しかし、自宅の庭をたまに手入れしている経験しかないならばわかりにくいでしょう。なので、「もし夏に強い剪定を必要としましたら、必ず造園屋さんに頼んでくださいね」と申し添えます。

樹木の専門書や雑誌で掲載されている年間管理スケジュールによると、夏季の強剪定はとにかく避けるべきとなっています。エネルギーの消耗が激しい季節に、大量の枝葉を切り落として過大なストレスを与えるべきではないというのが理由です。では、適期に行うのであればまったく問題ないのかというと、そうではなく、樹が弱っているときにはいつであれ剪定をすべきではありません。そもそも剪定で最も重要なのは、その個体がどの程度まで枝葉を失っても耐えられるかです。それを越えて剪定をすれば適期であろうと衰弱を促し、最悪枯死につながります。

もう一つ大事なのが、季節によるイベントや樹種特性です。たとえば、その樹はいつ新葉を出すのか、いつ花を咲かすのか、いつ実を充実させるのか、また、萌芽しやすい性質かどうかなどになります。それらを加味してハサミの入れ具合を加減したり、剪定するタイミングを選ぶことで、樹木へのダメージをより減らすことが可能となるのです。樹木の種類を落葉樹、常緑樹、針葉樹と大きく分けた年間管理スケジュールが、各グループの作業適期を知るよい指標となるのは確かなのですが、その反面に縛られると、個々の植物の特徴や生きる仕組み、また、その限界を深く探る機会を失ってしまうように思われます。

さて、今から二〇年前の七月上旬、剪定繁忙期に造園会社へ入った当時の私も親方へ何度も質問をしました。「真夏にこれほど強く剪定をしていいんですか？　年間スケジュールに反していませんか？　樹は死んじゃいませんか？」。親方からは、「今やらねば駄目らこてや！　いいすけ、はよ手を動かせてば！（今やらなくていつやるんだ！　いいから早く手を動かせ！）」と何度も怒鳴られました。私が知りたかったのは剪定の適期についてだったのですが、返答はいつも庭師の本分についてのことでした。

わかりやすく説明をしますと、「家主が庭師へ支払うお金は決して安いものではなく、一年で剪定を依頼できるのは親戚が集まるお盆前の一回だけ。庭師はその機会に、一年分ギリギリ目いっぱいの剪定を間違いなく行うことが求められている」ということです。そんな技術は、はたしてどうすれば身につけられるのでしょう。最初の夏、理屈の塊だった私は年間管理スケジュールなどの知識をより蓄えることで対処しようとしました。しかし翌年の夏、恰好だけではない本物の技術を得るためには体で覚えるしかないと気がつきました。以降は、親方たちが目の前で仕上げる実物と、私の剪定へ矢のように降り注ぐ叱咤と怒号を頼りに、ただひたすらハサミを動かしました。そして夕空を背景に自分が仕上げた樹を眺め、翌年も同じ樹に登り、どんな剪定でどんな反応をしたのか確認することを繰り返し、最近になってようやく樹木が生きる仕組みの一端がわかりかけてきました。

強剪定という作業に必ず伴うのが、それを起因とする衰弱や枯死へのリスクです。これ以上枝葉を落とすと樹勢を崩す境界を知る一番いい方法は、実際にそこまでの剪定を繰り返してやってみることでしょう。私が駆け出しだった頃、親方の指導のもとにそうした貴重な経験をたくさん蓄えさせてもらいました。それが植物園の樹木を管理する私を支える太い柱となっている現在、親方たちの存在がどれほどありがたいことだったのかが本当によくわかります。

植物園でそんな危険は決して冒せないので、衰弱や枯死をしている個体を見つけてはそこへ至った原因について考え、実務経験の不足を補うよう努めています。そう考えながら周りを見回せば、手本となるよい剪定がなされた樹を見つけることもあります。学ばせてもらえる感謝と共にじっくり眺めつつ、自分はまだまだ修業が足りないなと気を引き締めます。

傷の修復や発根を促すもの

二〇一六年から八月一一日が「山の日」となりました。その言葉に誘われて山を訪れ、これをきっかけにツリーウォッチング（樹木観察）を趣味とする人が増えるのではと期待しています。私もツリーウォッチングが好きで、二〇代の頃は図鑑を片手に山や公園で樹種の同定なんかをやっていました。最近は気力が衰えたので、樹木の季節変化をぼけーっと見ているのが楽しくなりました。しかし植物管理の仕事柄、その樹がどのように生きてきたのか過去の履歴を推察するツリーウォッチングも行っています。今注目しているポイントは、枝が落ちた後の経過です。

樹木が生きる日々とは、限られた空間でいかに枝葉を茂らせ、競争の中から光と水をどれだけ獲得し続けるかであるといえますが、その裏ではもう一つ重要なイベントが並行して起きています。それは不要な枝が枯れて、折れて、落ちることです。枝が落ちるとその箇所の木部は露出することになり、そこから病原体が侵入すると生育に大きな影響が生じるので、樹木にとっては競争と同じように気が抜けない事柄です。

そこで樹木は防御策として、早く露出部を塞《ふさ》げるように枝の付け根へブランチカラーと呼ぶ部位を設け、活力のある細胞を配置しています。実際に樹勢が旺盛であれば、直径二〇センチを超えるような大枝が落ちてもきれいに塞ぎます。反対に樹勢が悪ければその箇所をなかなか塞げず、腐朽菌が入り込み、それが幹へ進むと生育が脅かされるようになっていきます。そしてここからが興味深いところなのですが、腐朽が進行した部位はどうにかして腐朽の広がりをくい止め、その箇所から樹皮や材の生産を再び始めます。

はたして一体何がその転換を促すのでしょう。生育状態の好転などで樹勢が上がることがスイッチであればわかりやすいのですが、これまで見てきた限りでは、そんな単純なものではありませんでした。もしかしたら樹木の表面だけを見てわかるものではないのかもしれません。たとえば、塞ごうとしている箇所へ送られる栄養や水分などが要因かもしれませんし、また、腐朽菌の侵入を遮る防御帯のでき具合が問題なのかもしれません。見えない部分には、他にもたくさんのことが考えられそうです。

これまでに私が得た見解を一つ述べます。樹木は前述した「露出部を塞ぐ能力」以外にも、「何かに触れると活発に増殖する能力」があると考えています。たとえば、幹にフェンスなどの異物が当たると、樹皮が幹表面から飛び出るように発達して異物を上下から覆い始めます。絞め

上：ハクウンボクの枝が自然に落ちた後。ブランチカラーによる巻き込みが始まっている（冷温帯落葉広葉樹林区、2017 年 6 月 16 日）
下：きれいに巻き込まれた例。上の固体とは違うハクウンボク（冷温帯落葉広葉樹林区、2017 年 6 月 16 日）

殺しの木と呼ばれるイチジク属の樹木に至っては、自身に当たるものがあれば何でも外側から覆いつくそうとします。枝から無数に垂らす気根を幹と同化させながら粘土を広げるかのように成長し、カンボジアのアンコールワットのような大きい遺跡であっても挑みます。

では、土の中に伸びる根はどうでしょうか。地面に生えている樹木の根は、土の下で景石や縁石に当たっている箇所に顕著な発達を見せます。鉢栽培では長期間植え替えしないでいると、鉢の内面に沿って根が密に重なり合う根詰まりが起きます。その現象を私たちは意図的に利用してもいます。樹木の発根を移植前に促す「根回し」がそうです。将来掘り上げるサイズに外周を掘り、出てきた太い根は水を吸い上げる機能を残すために、樹皮と師部と形成層だけを剝《は》ぎ、それ以外の根はすべて切って、堆肥を入れながら波板で囲って養生する手法です。イメージとしては、樹木が立っているその場で鉢植え状態にするもので、半年も経てば波板の内側にはビッシリと根が張ります。

このように、根においても石や鉢の内面など何かに触れることで、より活発に伸びることが起きるのではと考えています。そして私は、「触れると活発に増殖する能力」と、前述した「腐朽による衰弱から再生へ転ずる事柄」は、もしかしたら何か関係があるのかもしれないと思っているのです。

樹を見て何が見えるかは、当然のことですがその人と樹の関係によります。私が所属している

気根に取り込まれたアンコールワット

上：温室周辺のグランサムツバキの根回し処理。根鉢下の根を残して側根を切断。
根鉢の外側に波板を設置し、堆肥を入れて養生をする（2015 年 10 月 15 日）
下：9 か月後、切った側根から新しい根が吹いている。この後、熱帯雨林温室
に移植（2016 年 7 月 8 日）

国立科学博物館ではさまざまな部門の研究者がおり、菌の研究員、地衣類の研究員、鳥の研究員、植物化石の研究員、それぞれの立場でまったく違うものが見えていることにいつも驚かされます。そのすべてに共通しているのが、目的を持って見続けることの大切さです。これはまさに「継続は力なり」の真髄であるように思え、私がツリーウォッチングを続ける支えとなっています。

季節で変わる街路樹の姿

私が住むつくば市には、主要道路の総延長約五〇キロにわたって街路樹が植栽されていて、そのほとんどが直径三〇センチ以上、高さ一〇～一五メートルと大きい樹々に育っています。緑の壁が延々と続くこの規模は全国でもまれではないでしょうか。我が家から勤務先の植物園までを紹介しますと、モミジバフウが五キロ、続いてイチョウが二キロ、最後の直線はトウカエデが四キロと落葉樹三種が並んでいます。緑が濃厚な夏にはボリュームのある枝葉が街の建物を遮り、ふとした瞬間にここは森の中かと錯覚することもしばしばです。私が特に好きなのは秋の紅葉で、街全体で織りなされるダイナミックな色彩の変化に目を奪われます。

さりとて、問題点がないわけではありません。冬になると樹種や植栽場所によっては枝を極端に短く切断された異様な樹形が現れます。これまでの見事な緑や紅葉とのギャップに、落葉後は気落ちします。その後は葉が再び展開するまで約四ヶ月間、冷たく乾いた青空を背景に毎日それ

つくば市408号線沿い、モミジバフウの街路樹（2017年8月27日）

を見続けるのです。

樹木の剪定でやってはいけないとされることの一つが、次世代を担う枝がない箇所での「ブツ切り」です。見た目が自然樹形からほど遠くなるうえに、時にはその個体を死に至らしめます。街路樹がそのような姿に仕立てられてしまう原因はただ一つ。与えられた空間が狭いからです。上方で旺盛に伸びる幹や枝は車道の標識や信号を隠し、近くに電線が通っていると切断や感電の危険さえ生じます。毎年の剪定ならば樹形を大きく損なわないようにできますが、数年分の剪定を一回で行おうとすると極端な強剪定をする他ありません。また、当初の想像を超えて大きく育っていたらなおさらでしょう。結果、切断面が痛々しい人工物のような樹形ができあがるのです。

私は、樹種によっては成長を抑えられないことを前提とし、時期がきたら小さい個体に植え替えるべきと考えます。長寿になるにしたがって増す、腐朽による倒伏の危険を軽減させることもできるでしょう。ですが、植栽マスの幅が一メートル程度しかないのに根元株径が三〇センチ以上ある場合、歩道と車道を壊さなければ根株の撤去は不可能です。植栽帯の延長が長ければ、根株はそのまま残して他の空いている場所に新しく植えることができますが、そうでなければ道路の改修でもない限り植え替えは実現されません。そのような場所の樹は、そのまま残すか、いつ補植されるかわからない状況でも撤去するかしかないのです。はたして、大きく育って樹形を美しく維持できなくなった樹は、伐採してでも視界から失くしてしまうほうがよいのでしょうか。

大木になるプラタナスは街路樹によく利用されますが、なぜか高く伸びられない場所の狭い植栽マスに植えられます。そこではだいたい高さ三メートルくらいのところで切断され、大量の萌芽と剪定を繰り返し、巨大なこぶを幾重にも重ねた異様な姿になっています。私も造園会社にいた頃にそのような仕立て仕事をしましたが、いっそのこと伐採したほうが景観上よいのではないかと思ったりもしました。

しかしその後に、生命豊かな緑が展開されている景観を見て気づいたことがあります。たとえ見苦しい樹形であったとしても、そこで育っていなければその緑はないのです。ブツ切りの街路樹も同様です。長い年月をかけたその直径と樹高であるからこそ、その壮大な景観が作られているのです。たとえ植え替えが可能だとしても、今のボリュームある枝葉をつけるまでは三〇年以上も待たなければなりません。もし現状の緑を欲するのなら、「樹形が今のような形であっても仕方がない」と納得しなければならないのです。

夏になって樹々の列に緑が戻ると、つくば市の街路樹はやっぱりすごいなと心底思います。その頃には頭の中にあったモヤモヤはすっかりなくなり、それどころか、この先二〇年後にはどんな景観になるのだろうとワクワクしたりもします。それはきっと私だけではないでしょう。つくば市の街路樹に接する多くの人々は、いろいろな理由の結果できあがった樹形について否定したり、肯定したり……と忙しいのではないでしょうか。

夏の灌水から学ぶもの

私が勤務する筑波実験植物園には、いたるところに給水栓があります。それは井戸水が配水されているので水道料金を気にする必要がありません。施設がら当然といえば当然ですが、夏場の灌水を何の苦労もなくできることに毎日大きな安堵感があります。造園会社に勤務していたとき、植栽した植物への灌水には結構な苦労がありました。当時はそんな風に思ったことなどなかったのですが、給水栓のある仕事場に慣れてしまった今、夏になるたびにいろいろなことを思い出します。

灌水は五月の連休頃から始まり、最盛期は七~九月です。ムシムシと暑い街中を、一〇〇〇リットルの黄色やオレンジ色の水タンクを積んだダンプと平行して歩きながら水を植物に与えます。太陽と地面の照り返しに焼かれながら、作業員の誰しもが水タンクの残量にハラハラしつつの作業です。街路樹に灌水をしているこのような場面を見たことはないでしょうか。これはまた、工

トラックに積まれた水タンク。一度に2000リットルを運べる（新潟市、2017年9月8日）

事途中の緑地や公園でも見られます。私の経験になりますが、植栽工事をした場所のほとんどに給水設備はなく、灌水は水を溜める水タンクと水をホースから排出するエンジンポンプに頼りました。水タンクは灌水できる量が限られる難点がある一方で、どこにでも水を運べるという強い利点があり、一日に何回も用水路から取水用のポンプで水を吸い上げ、現場を駆け回りました。

そもそも、造園会社はなぜ灌水をするのでしょうか。それは植物が好きだという精神論ではなく、工事に必ずついてくる「枯れ保障」という切実な問題があるからです。植栽してから一年後、枯れているものは無償で植え替えなければなりません。そんな理由で植栽後も現場に足を運んで管理をするのですが、会社が植栽したすべての植物に毎日灌水をしてやることはできませんでした。枯らさないための管理にかかる費用は設計に入っていないのが当たり前で、すべて企業努力によって賄うルールだからです。枯らせば損失、枯らさない努力も損失。弱らない程度の必要最低限の管理をすることが、最も会社の利益を守る手段と思われます。

その判断が、とにかく難しい……。どんな天候時に、どのくらいのサイズの樹木に、どれだけ水を与えればいいのか？　教科書のようなものは一切ありません。まずはエンジンポンプから送り出される水の勢いで、単位時間あたりにどのくらいの量が出るのかを体にすりこんでいきます。あとは手探りで経験を重ね、弱らない程度の量をなんとなくつかんでいくしかないのです。

しかし、どんなに経験を積んでも対応に困るものがありました。それは弱った植物たちへの対応です。特にそれが金額の大きい植物であった場合や、植え替えにかなりの手間が掛かると読めた場合などは、わかった瞬間に心臓がドクンと鳴ります。枯れないようにと祈りながら灌水し、決めていた量を超えてもやめることができません。ほかの植物に与えるはずの水がなくなっていくにつれ、どの植物を生かしたほうが金銭的な損失が一番少ないのかを計算し始めます。何日も晴天が続いて土はカラカラ、明日も間違いなく猛暑だとわかる夕焼け空、予定では当分この現場に来ることはできないという状況。それなのにタンクの水はもうすぐ底をつく。そのときの胸に広がっていた取り止めのない不安を、私は今でも灌水のたびに思い出します。そして給水栓がある今の状況に、深く感謝をしてしまうのです。

自分が世話をした植物の翌年の姿を見ることは、その植物に必要であった灌水の量を知ることができる唯一のチャンスです。なので、他の現場に行くときや、休日に外出した際などにちょっと遠回りをして何度でも状態を確かめに行きました。そして、運がよければとても貴重な場面に遭遇します。自分の予想に反して、無事に夏越えをしたはずの植物が枯れ、一方で瀕死であった植物が元気に枝葉を伸ばしている結果が見られることがあるのです。植物の生死は水だけで決まっているわけではないという、あまりにも当然であるそのことに、前年の灌水から半年以上経ってやっと気づかされるのです。

登り方いろいろ

庭師が樹に登る一番多い理由は剪定です。脚立ですんなりと枝葉にアプローチできればよいのですが、地形の問題でなかなかうまく立てられない場合があります。さらに、親方にちょうどいい脚立を先に持っていかれてしまうのは下っぱにとって毎度のことで、目指す枝にたどり着く方法は樹を登る以外にありません。もちろん樹を登ってこその利点は多々あります。たとえば、枝々を移動する機動性は抜群に高く、表からは見えにくい内側の枝の処理は幹を足がかりにしてこそやりやすいといえます。むしろ広葉樹は枝葉の裏側からでも分岐を頼りに剪定できるので、体重五〇キロ強と体の軽い私は好んで登っています。

しかし、新潟で一番多かったマツの貝作り（段作り）をするには上半身が貝にかぶさることができる体勢が望まれます。庭師をイメージさせる「脚立の中段に両足をそろえて立った姿勢で両手を使ってマツの芽を鋏《はさ》む」あの景色は、一番仕事をしやすい体勢なのです。しかし前述した通り、ちょうどよくそこに脚立はないことが多いのです。そんなことから結局登ります。その樹であれ隣の樹であれ、ロープなどを使って体を何かにぶら下げ、目的とする貝の上に上半身を持っていくのです。本当にこれが剪定かと思われるようなアクロバティックな体勢になりながら、ようやく仕事に取りかかることができます。

現場で最初にやるべきことは、目的とする高さにたどり着くことです。たいていは無意識に体が動いて解決されるのですが、たまに簡単でない状況に出くわします。そして困ったことに、高いところにアプローチする方法はそれほどたくさんありません。まず、庭師が一番よく使うのは三点支持のアルミ製脚立です。梯子《はしご》の一番上に、開きと長さを自由に決められる足が一本ついています。これは地面の起伏に対応して安定感はいいのですが、高さはせいぜい四メートルまで。一〇メートルまで伸びる二連梯子もよく使われますが、難点は縮めても五メートルとかさばるうえに約三〇キロと重く、誰でも扱えるものではありません。高所作業車などは安全性と機動性は抜群ですが、搬入路や設置場所の確保、道路使用許可にかかる時間、リース代などのコスト面で問題が生じてきます。やはり、望まれるのは少ない道具と体一つで登ることです。

そこで私は、数年前からツリークライミングを試みています。道糸におもりをつけて目的とする枝の元や幹の又に投げ通し、道糸をザイルにかえてツリークライミング専用のハーネスをつけて登るというものです。道具類はコンパクトで、少々重いですが手運びができます。さらに、ぶら下がっている限り落ちないという抜群に高い安全性。私はこの手法を、現在勤務している植物園の温室内での剪定によく使います。でも、そこでは本当の樹登りをしているわけではありません。樹々が温室育ちで細く、登ることも脚立をかけることもできないので、温室の天井の梁《はり》からぶら下がって樹にしがみついて作業をしているのです。体重の何割かをロープに任せることで細い枝上を歩けるので、今までとはまったく違う樹登りを満喫しています。ちなみにこの手法で、八〇メートルのセコイアメスギだって登れるのだそうです。

その他に、林業で知られる「ぶり縄」も体一つと枝と縄だけで登る優れた手法ですが、さらに驚きの方法をある樹木医の方から教えてもらいました。二人一組で樹を挟んでぐるっとロープを巻き、輪になったロープだけを支えに、互いに樹から体を離す方向に体重をかけて、足を突っ張りながら高さ六〇メートルを超えるマツを登るのだそうです。もちろん、怖さで片方の人が樹にしがみつこうものなら、ロープがゆるみ二人とも落下しかねません。このような話を聞くと、人間は根性と度胸でさまざまな手法を編み出してどこまでも登れそうな気がしてきます。

最後に、体一つで樹を登り枝々を移動できるかについて悩んでいる人（私だけ？）に紹介したい映像を一つ。「マッハ！」というムエタイを使った格闘映画の冒頭数分間です。結局最後は個人の身体能力なのかと自分の可能性を諦めかねませんが、人間でもここまでできるのか！と思う木登りがご覧になれます。

左：ツリークライミング技術で熱帯雨林温室の梁にぶら下がって作業をする
（2015年5月22日）
右：ツリークライミングにて高木剪定を行う。ロープを多用して体を確保し、
チェーンソーを使用する（温室周辺、2015年7月17日）

風に吹かれて

私が生まれ育った新潟市には古町という繁華街があります。古くは江戸時代にその街の中と信濃川を堀で結び、新潟港へ入る物資の流通の要として大きく栄えました。昭和の中頃には交通手段の変化に伴い堀は道路として埋め立てられましたが、水の街の歴史を残すため堀の縁に植栽されていたシダレヤナギがその後の街路樹とされました。

通常の樹木は枝を空へ展開しますが、この樹は地面のほうへ細くて長い枝を伸ばします。その弱い枝が垂れる様子を表して「イトヤナギ」の別名もあります。私の中にあるシダレヤナギの思い出は、信濃川の花火大会で明るくなった夜空を背景に表れるユラリとした樹形のシルエットと、大晦日の夜に雪をまとってダラリと下がる枝の束です。そして最も印象に残っているのは、風に吹かれて横へとなびく枝葉の様子です。その細くて柔らかい枝先に体をなでられながら、人々は歩道を歩くのでした。

風情ある新潟市の街を彩るシダレヤナギ（2017年8月20日）

「シダレ」は漢字で「枝垂れ」と書き、枝が垂れる様子がそのまま単語となっています。ジベレリンという植物ホルモンの欠乏が枝垂れることに関わっているとされ、その要因を持つシダレザクラやシダレグリの枝も積極的に地面へ向かいます。この一見特殊な性質を持つ樹の剪定はどうするかというと、空へ向いている脇芽がある場所で切りさえすれば、そこから伸びる新しい枝は一旦上へ伸びた後に自然と垂れるので結構簡単です。難しいのは、枝を空に向かって伸ばしているけれども、微妙に枝が下へ下がる樹です。

庭師は自然風剪定を基本とし、ハサミを入れたことがわからないようにする枝選びと切り方を求められますが、私が特に苦労をしたのがカエデでした。どう剪定をしても仕上がりが見た目に硬くなり、翌年には勢いよく伸びた徒長枝だらけの樹になってしまうのでした。そんなあるとき、手伝いで来てもらっていた個人の熟練庭師と並んで仕事となって、雑談からカエデの剪定が苦手であることを話したら「さらさらー、さらさらー、言いながら鋏むといいんだがね（さらさらー、さらさらーって言いながらハサミを入れるといい）」とのアドバイスをいただきました。なるほど、枝の仕上がりを「さらさら」な感じにさせればいいのかと、それからは呪文を唱えながら剪定をすることにしました。しかしさっぱり上達しません。狐につままれたような気分でいると、「さらさらー」とした風が私を囲うように流れ、少し離れた場所にあったカエデの枝葉が柔らかく揺れる様子にアドバイスの意味が突然わかりました。

カエデの当年に伸びた枝は細く、自重を支えられず下に垂れますが、その不安定な枝先は微弱な風でも揺れます。釣り竿の長く伸ばした竿先がちょっとしたことで揺れるのと同じです。その揺れる枝先を切り詰めると、重さによって垂れていた枝は立ち上がり、それまでのちょっとした風では揺れなくなってしまうのです。カエデを自然風に剪定するには、枝を「さらさらー」とさせるのではなく、「さらさらー」とした弱い風に揺れる部分をいかに残すかということだったのです。技術的には、枝を途中で切って短くするのはできるだけ避け、切るのなら枝そのものを元から切るべきということなのでした。このことに気づくと、多くの樹木の枝も自重によって下へ下がり、樹ごとに風に吹かれる様子が違うことも見えてきました。木に風と書く「楓《カエデ》」を通じて、「さらさらー」とした風に葉先が揺れる中に、自然風剪定のヒントがあることを教えられたのでした。

風は日々さまざまな植物の枝葉を揺らす際、その個体の生育にも多くの面で関わっています。まず、光合成の材料である二酸化炭素を葉の気孔まで次々と運びます。そしてそれを取り込むための蒸散を促してもいます。樹木との関わりではもっといろいろあって、特に植物園では枯れ枝落としを助けてもらっています。樹木にとって枯れ枝は生涯をかけて作り続けるものですが、樹や森のリフレッシュを必要とする植物園においては積極的に撤去しなければならないものです。それを私が切り落としたら数ヶ月間もかかってしまう量を、たったの一晩の大風が落としてくれるのです。

その風は時としてまだ元気な枝を折り、大事な樹を根返りさせたりするので、困ることがあるのも事実です。ところが、その大きい力こそが森の更新には必要不可欠だったりします。高い樹々により林冠が閉鎖された森では、次世代を担う樹が育つのに大木が倒れてできるギャップという空間が必要で、特に災害がなければ、弱ったり枯死したその樹を最後に倒すのは風だからです。植物が四億年前に陸へ上り、風と共に今日まで命をつないできたことを考えると、風は植物にとってなくてはならないパートナーであるのは間違いありません。屋外へ目を向ければ必ず植物が風に吹かれて揺れる景色があり、いつも本当に気持ちよさそうで、その二者の強い間柄に私はどうにも惹かれます。

樹の上で作業をしていると、たまに突発的な強風にあおられることがあります。そこで私が感じた揺れを例えると、映画好きの人なら4ＤＸ映画の激しいものといえばわかってもらえるでしょうか。４ＤＸ映画とは座席が映画内容に合わせて前後上下左右に動くもので、加えて予測不能である点が樹の上と同じです。その状況下で一番納得したのは、風とは立体的であることを揺れから捉えられたことでした。これは地面にいては体感できないことだと思います。そして、樹に住む者たちがその揺れの中で生きていることに大変驚きました。もし枝の揺れ幅が三〇センチだとして、中に一センチの虫がいた場合、その体長の三〇倍の距離を揺られることになります。身長一・七メートルの私に変換したら、距離はなんと五〇メートルです。

どうしてそんな場所を住みかとしたのでしょう。風で揺れるその中にこそ安全があったのでしょうか、住んだらたまたまそうだったのでしょうか、それとも別の理由によるのでしょうか。もしかしたら、人間が遊園地で大きく揺れるバイキング号に乗って楽しむように、生き物たちにとっても風に吹かれる樹の上は、結構快適なのかもしれません。

かゆみを起こす虫や植物

私が勤めた造園会社では、仕立てられたクロマツの剪定に限って軍手等を着用せず作業するのが慣わしでした。手袋をつけていると、選別して残した大事な新芽を引っかけてもぎ取ってしまうかもしれないというのが理由です。素手で困ったことは、枝上に這っているマツケムシを気づかず握り潰してしまうことでした。マツケムシはマツカレハというガの幼虫で、育つと体長八センチにもなる灰色の大きい毛虫です。クロマツの葉を食害する害虫で、新潟の夏に剪定のために登ると必ずいました。毒針毛《どくしんもう》と呼ぶ毛が全身に生えており、それが刺さった手の平や指は腫れ、痛くてかゆいのが数日続きます。

毛虫の中で最も恐れるべきはチャドクガの幼虫です。チャやツバキやサザンカなどを食害するこの虫の毒針毛は非常に強力で、被害にあった皮膚のかぶれ具合、かゆみのひどさ、治るまでの時間は他の毛虫と段違いです。卵からかえった小さい幼虫たちはきれいに並んだまま生活するの

上：サザンカの葉を食べるチャドクガの幼虫（池周辺、2017 年 6 月 9 日）
下：リュウゼツラン（温室周辺、2017 年 9 月 1 日）

で、見つけたらすぐそれと判断できます。列を守って横一列で葉を食べる様子は、被害にあったことがない人ならキモカワイイと見えるかもしれません。

じつは私がその一人でした。そんな心持ちだったからかもしれませんが、造園会社を辞めて五年目に、思いがけない場面でとうとう被害にあいました。夏に息子たちと落ち葉の山の中から虫を探していたときのことです。突如に、左手首の内側にプスプスプスッと軽快な感覚が連続して起きました。刺さった感じではなく、なにか柔らかい針の先で突かれたかのようでした。部位を見たところ、何も付着していません。そして再び落ち葉に手を伸ばしたとき、ツバキの枯れ葉が混ざっていることに気がつきました。私は即座にチャドクガだと確信しました。

この虫が恐れられている理由は、脱皮した抜け殻や繭や卵を取り巻く毛にも強力な毒があることです。生きた幼虫がいない枯れ葉であっても、大変危険なのです。そして予感は的中し、数時間後には皮膚が赤くなり始めました。チャドクガの怖さはもう一つあります。毒針毛の長さが〇・二ミリと非常に細かいのです。刺さったその直後にセロハンテープなどで飛ばないように取り除かなければ、被害は広範囲に広がり、ひどい場合は全身に及びます。この点、私は幸いでありましたが、手首のかぶれは直径一〇センチまで拡大し、その後約二ヶ月間にわたってつらいかゆみが続いたのでした。

かゆみを起こす植物の中で特に注意を要するのはウルシです。人によっては近づくだけでもか

ぶれることがある、取り扱いが危険な樹です。しかし秋に見せる真紅の紅葉がすばらしく、庭木のニーズがあります。そこで、かぶれにくいとされるハゼノキが植えられるようになりました。しかし、この樹の本当の力を決して侮ってはいけません。それを見せつけられたのが、仕事先で直径三〇センチの大きいハゼノキを剪定したときのことでした。その日は一番若かった見習いとベテランの親方が、二人がかりで樹に登ることになりました。かぶれる可能性については十分考慮し、夏であるのに雨合羽をしっかり着て、ゴム手袋をつけ、首や顔をタオルで覆い、万全の対策で剪定に取りかかりました。大きい樹だったので大量の枝が出ましたが、枝の切り口や樹液が皮膚に触れないよう慎重に作業し、いつも通り無事に仕事を終えました。しかし翌日の朝に会ったらば、二人とも顔や首のあちこちがひどくかぶれていたのです。

あれほど注意しながら作業をしていたのに、なぜかぶれたのでしょう。なお、切った枝を運んでいた者たちはかぶれませんでした。私が考えるに、ノコギリの刃が前後する動きでその場に細かい樹液が飛散したのではないかと思っています。剪定における基本的な事象として、枝を切るとその樹の香りが周囲を漂います。それは枝の切り口から飛散した何かが嗅覚を刺激したからに他なりません。あまりにも微小で目視できないだけで、樹液や樹液の一部は間違いなく飛散しているのです。そしてハゼノキのそれは、ちょっとした隙間から入り込んだ程度の量であっても、しっかりかぶれさせる実力があったのでした。その現場から十数年経ち、植物が出す物質の怖さを、私は身をもって知ることとなります。

　リュウゼツランという多肉植物が植物園にはあります。アロエを巨大にしたような姿をし、大きいものは高さ一メートルを越え、太く肥大した葉はテキーラの原料になります。あるとき、植物園にあるこれらの巨大な株の一部を処分することとなりました。この植物の生命力は強く、抜いて野晒しにしてもそのまま生き続けてしまいます。そこで細かく切ってゴミ収集車に持っていってもらうことにしました。いざ作業を始めると、葉の表面がすごく硬く、切る箇所が多かったので、チェーンソーを使用してザクザクと乱暴に切りました。そしてバラした各断片を片づけている途中で、露出していた腕と首と顔が焼けるような痛みとかゆみに襲われたのです。

　樹液でかぶれたのかと思い大慌てで洗いましたが、症状は一向に収まりません。また、見た目にどこも赤くなっておらず、ただ皮膚がすごくつらいのでした。我慢すること三〇分、なんとか作業ができるまでに症状は軽減し、一時間後にはすっかり収まりました。私はリュウゼツランによる同様の被害例を探しましたが、一つも見つかりませんでした。

　そしてある日、追加処分の仕事がやってきました。私は被害の防護策として、ハゼノキのときと同じように雨合羽とタオルで皮膚を覆いました。加えてリュウゼツランの何かが飛ばないよう、ゆっくりノコギリで切ったのですが、ダメでした。再び顔や首に焼けるような痛みが始まったのです。一旦中断したらもう続けられないと思い、一気にすべてを切り、その後一時間悶絶したのでした。私はこのあまりにも早く出る症状と痛みから、シュウ酸カルシウムが空気中に放出されたのではないかと推察しました。これはサトイモ科などに多く含まれる物質で、砕けて鋭利かつ微細になったものが手や口に刺さるとかゆくなります。要するに、シュウ酸カルシウムの無数のトゲが私の顔や腕に刺さりまくったと考えたのです。

いざその物質で調べてみれば、思った通りリュウゼツランにはシュウ酸カルシウムが多量に含まれていることがわかりました。しかし、植物園の他の作業員が私と同じようにリュウゼツランを切っても、痛みやかゆみの症状は不思議と誰にも出ないので、本当のところはわかりません。

植物を相手にする仕事は、かゆみを起こす虫や植物と関わらざるを得ないのが宿命であり、日々いろんなかゆみを体験しながら一人前になっていくのが前提ともいえます。そして私は、ツバキやサザンカのそばでチャドクガにビクビクし、ハゼノキを見ては不意に枝を折らないよう緊張し、リュウゼツランがあれば意味もなく襟や袖を正すようになりました。経験することで体に何かが刷り込まれ無意識に備えるようになるのは悪くないと思います。しかし、できれば身に染みなくてもいろんなことを防げるように早くなりたいと心底思います。

蜂の季節

五月半ばから一〇月にかけて、私の勤務する植物園ではスズメバチやアシナガバチが飛び回ります。彼らは人を刺す危険な蜂として知られていますが、「むやみに払わない、騒がない」がわかっていれば過剰に怖がる必要はありません。しかし、彼らの巣があることを知らずテリトリーの中へ無遠慮に入ってしまうと、容易に刺されるので、存在を認識することが大変重要です。私は恥ずかしいことに、その努力が足りなかったがゆえ、これまで一〇回以上も刺されてしまいました。

刺されたのはすべて樹木剪定のときで、相手のほとんどはアシナガバチです。スズメバチにあまり刺されていないのは、彼らの巣はそれなりに大きく、羽音も派手で存在に気がつきやすいからです。それに比べてアシナガバチはまさに忍者と言えましょう。羽音を立てずに飛び、巣は葉の裏に隠れるサイズのものを作ります。加えて大変困るのが、周囲のちょっとした振動では姿を

キハダの葉裏につくられたアシナガバチの巣（絶滅危惧植物区、2013 年 6 月 28 日）

現さないことです。アシナガバチ自体がスズメバチの捕食対象であるからかもしれません。剪定前にはあちこちを揺らして確認しても見つけられないことがあり、ハサミを持つ手を彼らがいるそこへと入れてしまうのです。

刺されて一番痛かった経験は、造園会社でイトヒバを剪定していたときのことです。突如、「ドンッ‼」と大きい音と共に胸元を強く殴られた衝撃がありました。後ろへよろめきながら（一体誰が？　どうして？）と戸惑っていると、アシナガバチが細長い足をフラフラと下げながら前方を漂っているではありませんか。まさかと思いながらシャツの中をのぞけば、肌に点のような内出血が見えます。あの音と衝撃はこの小さい蜂の仕業だったのか！と理解した途端、千枚通しで深く突かれたと錯覚するほどの強い痛みに襲われました。刺された部位や深さにもよるのでしょうが、彼らの毒の強さを体の大きさで測ってはいけないことを身に刻まれたのでした。

植物園で彼らに刺された事例を紹介します。あるとき、大きいスダジイに登って剪定をしていたところ、左腕に冷たい針を「ズルリ」と引き抜かれた感触がありました。その部位を見ると、刺された証である小さい内出血があります。慌てて周囲を見回せば、先ほど切り落とした大枝の梢に、アシナガバチの巣がついているではありませんか。地上からは確認できなかった巣があったのでした。次第に、電撃のような痛みとしびれがピークに達し、それが落ち着くまでの間、落胆しながらも樹上で耐え続けます。その後は成虫に殺虫剤を噴射し、巣は地面に埋めて上から踏み締めました。

そして、この件には続きがあります。三週間後、アシナガバチの巣があった樹の隣にあるスダジイも剪定することになりました。前回の過ちを繰り返さぬよう、細心の注意を払いながら枝を切り落とします。上方から作業を進め、中段で特に濃い影を作っている大枝にチェーンソー当てた瞬間、かすかですが「ブゥワン」と地鳴りのような羽音が聞こえました。私は枝葉で真っ暗になっている前方に気配を感じ、凝視します。すると二メートル先に浮かび上がって見えたのは、直径二〇センチのキイロスズメバチの巣!! 認識するのにこれほど接近を要したスズメバチの巣はありません。前回刺されたばかりの痛みと恐怖が、襲われる一歩手前で気がつかせてくれたのでした。

この一連の剪定で、蜂たちの隠れた巣を作る能力の高さと、自分の警戒心の低さを身震いするほど思い知らされました。その後、いつもの手順で撤去した巣には巣板が四段、殺した数は数百匹。丸々とした幼虫たちを踏み潰すのは何度やっても慣れませんが、そのまま放置はできません。

蜂が草木の多い場所で生活をするのは当然であり、また、植物を食害する虫を減らしてくれる益虫であることを、私は理解しているつもりです。そうであっても巣を駆除するのは、ここが植物園だからです。蜂が好んで人間を襲う気がないことも、来年の女王蜂を残したいだけであることも、よく知っています。しかし多くの人が訪れる園内に、彼らが命を懸けて守る巣があっては危険なのです。

　ちなみに蜂の天敵には熊や鷹のハチクマがいますが、つくばにいないので、植物園における最大の天敵は、私になります。毎年撤去する数は大小合わせて一〇個前後、この一〇年で約一〇〇個を撤去してきました。誰にも見つからないところで、人に害なく巣を作って暮らしていてくれたらどんなによいでしょうか。暑い太陽の下を自由に飛び回る彼らの姿を見るたびに、彼らと私にとっての不幸な出会いがこれ以上ありませんように、と強く願ってしまいます。

竹の長所と材の硬さ

筑波実験植物園の入り口付近で「コンッ」と乾いた竹の音が聞こえましたら、それは日本庭園のコーナーに設けてある鹿《しし》おどしの音です。発音の仕組みがなかなか巧妙なので紹介します。①竹筒の中央付近に支点を取り、傾くように設置する。②上方に少しずつ水を流して溜める。③水の重みで上方が下に傾き、水を排出する。④竹筒の傾きが元に戻る際に下方が石に当たる、という次第です。音の目的は畑を荒らす鳥獣を驚かすものなので、昔はより響くことが求められていたことでしょう。

では、これを作るにはどのような筒が望ましいでしょうか。まず、少ない水でも重心を変化させられるほどに軽いほうがよいでしょう。筒の中に仕切りがあれば加工せずとも水を溜めることができます。素材が硬いと高い音程が出せ、筒の中でより響きます。水や腐朽に強いことも重要です。それらすべてを満たす天然素材が、竹の幹（稈《かん》）です。鹿おどしを考案した人もすごいですが、竹という素材にも本当に感心します。

樹木は肥大成長にコストをかけ、幹を強化し続けながら上へ成長しますが、竹は茎を中空にすることで成長にかかるコストを大幅にカットし、その分上へ伸びる速度を著しく上げました。驚くべきは、それで生産される竹材です。安く早く作られたものであるのに、強い繊維の束によってきわめて強靭なのです。さらに、筒の弱点である内側への圧に耐えるため、節を一定間隔で配置し、頑丈さとしなりの両方を併せ持つ大変強い稈を竹は持ち得ました。単位重量当たりの強度を比較すると鉄の数倍になるほどです。では、そんな強靭な材が塊であったら、どれだけ硬い材になるでしょうか。実際には存在しない物体のように思えますが、なんとそれと対峙する仕事が以前にありました。

当園の熱帯雨林植物温室では、巨竹《キョチク》という竹を植えています。東南アジア原産で、自生地では直径二〇センチを超えるほどに太り、高さは三〇メートルに達するそうです。温室にはガラスの天井があるので一二メートル程度のところで成長点を切っていますが、それでも直径は一五センチもあります。また、竹の栽培は地下茎の旺盛な拡大が心配されますが、巨竹は株立ちする性質なのでほとんど広がりません。まさに温室向けの竹といえましょう。しかし植栽から二〇年も経つとさすがに古株の面積が増えたので、あるとき一・三平方メートルを撤去することとなりました。

掘り出して分割中の巨竹の根（熱帯雨林温室、2015 年 8 月 31 日）

さて、日本の一般的な竹の場合ですと生育は個体ごとであり、地下茎で他の個体とつながっていてもノコギリで切断しながら掘り上げることができます。ところが巨竹は株立ちなので、各個体たちは皆くっつきながら生育しています。株の外周部を掘ってみたら案の定、各個体の根塊が隙間なく連結しているものが現れました。それらに空洞は存在せず、底に生えているヒゲ根を除けば完全なる材の塊です。要するに、そこにあったのは面積一・三平方メートル×厚さ約三〇センチの、竹材純度一〇〇パーセントを誇る一枚板ということです。これでは根をノコギリで切りながら掘り上げることはできません。仕方なく、チェーンソーで小さな塊に分けながら切り出すことにしました。

すると、切断中にまたも想像していた事態になりました。表面から一〇センチ厚程度はチェーンソーの自重で切れたのですが、深く入ると材が硬すぎて刃が食い込めなくなり、滑って空回りするだけとなったのです。そうかといって他に道具も方法もありません。力と根性で無理やりチェーンソーを押し込み、削り節ならぬ削り粉をモウモウと出しながら、刃を八回研ぎ直した挙句にようやく巨竹の根株を撤去できたのでした。

竹は、若芽がタケノコとして食用になり、葉っぱで食べ物を包んだり、稈を竹炭にしたり、竹酢液《ちくさんえき》を採取したり、抗菌成分を抽出したり、資材としての使用だけでなく、ありとあらゆる活用方法が見いだされています。では、巨竹の根株、または根板、これに価値はないのでしょうか。

そんじょそこらの竹根とは違うと思うのですが、どうでしょう。

あまりの硬さに悪態をつきながら切断作業をしたのとは裏腹に、その根株を捨てるのが惜しくなって根の展示コーナーの片隅に運びました。いつの日か、竹材のさらなる活用法が見いだされることを願っています。なお、切断中の根株の写真は当植物園HPのブログ二〇一五年九月一二日の記事でご覧になれます。連結した根株の厚さと硬さをぜひどうぞ。

樹の重さ

樹木の大きさは三つの寸法で表します。地面から高さ一二〇センチ箇所の幹周長と、樹高と、左右に広がる枝の幅です。植栽工事を請け負った施工業者が一番気をつけるのは、設計書で指定されたこれらの寸法より小さい樹木を植栽しないことです。対策として、植栽前に各寸法を測り、設計を満たす大きさであることを確認します。それらを記録に残すべく、工事黒板へ設計寸法と実測寸法の両方を書き入れ、測っている状況と共に写真へ収めます。

樹木の用意は、施工業者が生産していない場合は生産販売業者に注文をします。もし規格よりも小さい樹が納品されたときは返品です。販売業者はそうなると経費がかかって赤字になるので、注文されている寸法より少し大きい樹を納めるのが普通となっています。幸いなことに、工事の発注側は大きい分についてはかなり寛容です。樹木はいずれ大きく育つものですし、設計の寸法は予算の制約によるものが多いからでしょう。しかし、施工業者は時に大変困ることになります。

なぜなら、寸法が大きくなると重量がグンと増えるからです。

樹木の根の広がりは、少なくとも枝の幅と同じくらいあるといわれています。もしそれらすべての根を掘り上げたら、高さ三メートルの樹で左右の幅三メートルの根が出てくるでしょう。また、根のダメージを減らしつつ水分を供給し続けるには、土を落とさないようにする必要があります。広い敷地内であればそれら掘り上げも移動も可能かもしれませんが、トラックに載せて公道を走るのは相当困難です。そこで、掘り上げる根のダメージとサイズを小さくするために「根巻き」を行います。

具体的な手順は、まず最初に根元の幹直径の四～五倍の円を決め、その円から外に出ている根を切りつつ地面を掘り、根と土を円筒状に整形します。次に円の直径の七割程度の深さまで根の真下へ掘り進め、樹が倒れないように中心の一部を残す以外は地面と切り離します。最後は根巻きテープと呼ぶ黄麻《こうま》製の巨大な包帯で全体を巻き、荒縄でギュウギュウに締め上げ、残していた中心部分を切り離して完成です。この土と根の塊を「根鉢」と呼び、上手に作ると移動時の振動でも土が脱落せず、また、コンパクトなのでトラックにたくさん載せられるようになります。

根鉢の大きさは、幹周長が一八センチの場合だと根元の幹直径は大体八センチなので、根鉢径はその五倍の四〇センチ、厚さはその七割の三〇センチになります。この根鉢の重さは、体積の四割を根、六割を土とすると、両方合わせて約六〇キロです（広葉樹生木の比重を〇・九、土の比重を二としています)。人力で運ぶには、根鉢を持つのに二人、幹を抱えるのに一人、合計三人が必要です。

では、根元の幹直径が太かったり、販売業者が樹木の掘り上げダメージを減らそうとして、根鉢径を五〇センチにしたとしましょう。すると重さは九〇キロ超、根鉢を持つには三人が必要です。また、幹周長が二一センチになると、重さは一気に増えて一三〇キロになります。根鉢を持つのに四～五人、幹を持つのに二人、合計六～七人は必要です。このように、根鉢の大きさや幹周長が少し増えるだけで重量や運搬労力はどんどん増えるのです。

現場でよくある話になりますが、重機を入れられない箇所で、工期はぎりぎり、作業員も少ししかいないときに限って「今回のでかい樹はサービス、サービス!」と笑顔で言いながら特大の樹を置いて去っていく販売業者がいます。そのときの樹木検収写真には、行き場のない怒りがあふれ出てしまった顔で樹を測っている私が写っています。

地上部の重さはどれくらいでしょうか。樹木は上部ほど幹と枝が分かれていて計算が複雑なので、ここでは樹形に関係なく単純な円柱を想定し、幹直径を円柱の直径として計算します。算出されるのは正確な重さではありませんが、大まかに捉えるには便利です。たとえば、幹直径三〇センチで高さ一〇メートルの樹は、円柱とすると約六〇〇キロです。この樹の根元を切ってバタンと地面に倒した場合、六〇〇キロに加速度が加わった大変大きな衝撃が発生します。台風時に

根鉢と幹とで約5トンのサクラを、50トンのラフテレンクレーンで吊り上げる（新潟市、2015年1月10日）

倒木が車をペチャンコにするのはそんな大きい力があるからなのです。

植物園での伐採は、樹の真下にいろんな植栽があるため、それらを傷めないよう樹の上から枝や幹を少しずつ切ってゆっくりと下ろしています。こう書くと簡単そうですが、その作業は危険と隣り合わせの重労働です。直径五センチ程度の枝の重さが問題になることはありませんが、直径一〇センチで長さ三メートルの枝は円柱とすると二〇キロあり、直径一五センチで長さ四メートルの枝は六〇キロにもなります。これら重量物による地面への衝撃と落ちる場所をコントロールすることが、樹の上の人間に求められているのです。

一番簡単な方法は、片手で持てる重さで切り、影響のない場所へ投げるやり方です。しかしそう細かく切れるものでも、軽くなるものでもないのが樹木です。どうにかしてやっと切って、その重量を踏ん張りながら持ち、落としても影響のない場所の上から手を放すだけで精一杯なのが実状です。手で持てない重量物を扱う場合は、ロープと滑車を用いたり、ロープの摩擦を利用して落下速度を減らす器具などを駆使して、樹上からゆっくり下ろします。この方法はきわめて安全確実な方法ですが、セッティングに手間がかかり人数も必要なのが難点です。

そしてこれら樹上の作業で常に意識しなければならないのが、切った枝が自分を襲ってくる可能性です。過去に一度、切った大枝が蔓で上方からぶら下がってしまい、振り子になって私の顔面をかすめたことがありました。このような不測の事態から身を守るには、枝に加速度をつけさせないことがきわめて重要です。少しでも勢いがつくと重さは何倍にも増し、たとえ軽い枝であってても腕力でどうにかなるものではなくなってしまうからです。チェーンソーを用いた切断などでは、力任せに切り落としたりせず、最後の部分は手ノコでスローモーションのようにゆっくり切り離すなど、予測できない動きを最小限に抑えるよう注意し続けることで命を守っています。

枝を切る作業が終わったら次は幹の番です。幹を頂部からある程度の長さで切り、その真下の幹に縛りつけた滑車にロープでぶら下げ、器具を使ってゆっくり下ろすことを繰り返します。幹は上手に切ると直立したまま落ちないので、落とすタイミングや方向をコントロールしやすく、作業は枝よりも安全です。しかし数十キロの丸太が一メートル程度とはいえ下に落ちたときの衝撃はかなり激しく、樹木とは一歩間違えば大事故につながる重量物であることをいつも思い知らされます。

ちなみに地球上で一番重量のある樹木はジャイアントセコイアの二〇〇〇トンです。最重量の動物が一九〇トンのシロナガスクジラですから、地球上の生物の中で最も重たい生き物は樹木なのです。このことは私が樹に惹かれる理由の一つとなっており、そこへアプローチする方法として樹登りがあり、伐採があり、時には根を掘り上げ、担いで運搬をします。春夏秋冬、樹の重さで日々汗を流し続けてきました。これらを積み重ねることで、ようやく樹木について少し何かを語ることが許されているように思えます。

自然解説員

私が筑波実験植物園で採用された当初に一番情熱を注いだ仕事は、園案内などの教育普及でした。大学在学中から自然解説に興味があり、造園会社では自分自身の知識を深めるのに役立つと気づき、経験を積める場を探していたときのことだったので張り切りました。それから約一〇年、さまざまな人たちへの園案内を重ねましたが、慣れたとか飽きたとかを感じたことがなく、今でも新鮮な気持ちで来園者の前に立っています。私は一九年前に森林インストラクターの実技試験で一度落ちており、その後にいろんな場面で不合格になった理由を考えたことが、解説への緊張を保ち続けさせています。

森林インストラクターの資格試験は、筆記の一次試験と、自然解説の実技および面接を行う二次試験からなります。実技は会場に用意された動物の剥製や樹の枝葉などを用い、試験官数名を前に行います。大学を出た当時二六歳の私はそれまで自然解説を行ったことがなく、経験を積む場を得るためネイチャーゲームリーダー初級の資格を取得しました。ネイチャーゲームとは五感を使うゲームを通じて自然を深く体験するもので、私は所属する会の理解を得て植物の説明を子どもたち相手にやらせてもらいました。内容は、樹木には落葉樹と広葉樹があり、葉っぱには鋸《きょ》歯《し》があるものとないものがあって、それらが樹種同定の基本であるというものです。森林インストラクターの二次試験でその内容を披露したのですが、準備空しく不合格でした。

結果に憤慨しつつ、ネイチャーゲームでさらに経験を積み、翌年も同じ内容で試験へ挑みました。会場には昨年も審査された方がおり、先方も私を覚えていました。実技を終えるとその方から質問があったのですが、私は難癖と受け止めイライラした返答をしてしまい、試験は不穏な雰囲気のまま終了です。会場を出て妻へ電話し、「落ちた！　来年は受けない！」と、なんとも情けない決意表明をしました。するとビックリ、試験結果は合格です。以降、今日まで森林インストラクターの有資格者であることを堂々と名乗っています。

試験に落ちた原因を考えて最初にぶつかった壁は、解説員はいったい誰のどんな要望に対して話をするのかということでした。答えはもちろん聴き手が聞きたい内容を話すのが正解ですが、これは当たり前のようでとても難しいことだと思います。というのは、解説員は聴き手が要望する内容をどうやって知り得るのでしょうか。自分が話したい内容を聴き手が望む内容であると思い込んではいないでしょうか。私がネイチャーゲームで話した内容は、自分が好きなテーマを組んだもので、小さい子どもたち向けではありませんでした。

森林インストラクターの二次試験で一度落ちたのは、誰のどんな要望に対して話しているのか、そこへ疑問を持たれたからだと思っています。翌年の実技で前年と同じ内容を行ったのに合格したのは、単に熱意を買われたからではないでしょうか。解説者は聴き手の要望を知り得ないのであれば、何が聞きたいのかをたくさん想像し、より楽しんでもらえる話題についてまとめる努力をすべきだと思います。試験で行った実技内容を思い出すと、当時の慢心がよみがえり、過去へ戻って叱ってやりたくなります。

次にすごく悩んだのが、解説員は何をどう話すべきかについてです。私はまず、「何を」を決める段階で何度もつまずきました。取り組もうとするテーマについて自分の知識不足が露呈してくると不安になり、目的を定めず知識の収集へと突進してしまったのです。こうなると無秩序に広がる情報に飲まれ、何をどれだけ知っておくべきなのかがわからなくなり、自信を持って話せていた内容をも見失います。こうならないためには、経験値が溜まるまで聴き手が興味を持ちそうな内容を数個に絞り、浅い知識量であっても話し方次第では十分通用することを体験から知るしかありません。そして解説で一番重要なのが、「どう話すか」です。基本的なこととして、教科書や図鑑で書かれている内容や単語をそのまま言わないほうがいいと思っています。聴き手にそれらを理解できる土台がなければ、解説者はただ無遠慮なだけであり、聴き手の興味も信頼も失います。

植物園に限って言いますと、案内を申し込まれる方の多くは植物の面白い話を聞けたらいいなという軽い気持ちの人です。ガチガチの学術的な話を雄弁に語られても、重いばかりで楽しくないのです。そこで私は、話を向けるターゲットを一番興味がなさそうな人にしています。すると、自然と口調は優しくなり、笑顔が出て、互いにリラックスした関係を保てるようになります。そうは言いながらも、水面下ではその人の心に残る話をすることを虎視眈々と狙っています。私はそれをなす手法として、専門用語を聴き手に受け止めてもらえるイメージや感覚に変換するのが効果的であると考えています。たとえば常緑樹と落葉樹の違いについては、「落葉樹は値段の安い使い捨ての葉っぱを作る樹。常緑樹は値段の高い長持ちする葉っぱを作る樹」などです。ただしこの説明も内容を理解できる人向けであり、場面や相手によってはもっとよい言葉選びやアプローチ方法があるはずです。

少々重たい物言いになりますが、聴き手が解説により経験したことや感じたことが、その後の人生や周囲の人に影響を与える可能性があることを、解説者は心に留めておかなければならないと思います。聴き手との出会いは一期一会であり、共有することとなった時間を大切にすることが解説員には求められています。そのときに備えて解説内容を常々考え続け、臨機応変に選択できるよう準備しておくのが解説員に求められていることであると思っています。

私が自然解説を続ける理由は、伝える過程で知識をより深く身につけることができ、また、時として驚くべき体験をすることもあるからです。それは、自分の口から今まで考えてもみなかったストーリーが勝手に走り出し、そんな解釈があったのかと、自分自身が気づかされる立場になるのです。その現象は、長いこと考え続けていた疑問について、不意に質問を受けたときや、自分から思わずポロッと話題に出してしまったときに起こりやすいように思えます。きっと追い詰められた緊張と、それまでの思考の蓄積がタイミグよく重なったときに起きる偶然の産物なのでしょう。私にとって聴き手の皆さんは、解説内容を鍛えてくれるだけでなく、いつしか頭のどこかで熟考されていた気づきを引き出してくれる存在でもあるのです。

森の音を探す

温室のBGMに植物園内で流れる小川の音が使えないかと、暗くなるのを待ってICレコーダーを林内に設置したことがあります。翌日、私が知らない夜の森の音を再生してみると、聞こえてきたのはなんと車の走行音ばかり。昼間に意識をそちらに向けてみれば、車だけでなく飛行機とヘリコプターの音も聞こえ、遠くでは何かしらの工事音があり、近くの大学からは運動部系のかけ声までが届いてきます。改めて、自然の音ってなんだろうと考えてみたのですが、イメージはあれども具体的なものが出てきません。自然系の仕事を長年してきておきながらこれではまずいと思い、森の中で音探しを始めてみました。

空の下で一番多く耳にする音は風の音でしょう。「ヒューーヒューー」と鳴る風切り音はその代表で、「カサカサ、ガサガサガサッ」と枝葉の隙間をざわめき通るのが伝わります。強くなると「ゴッ、ゴォー」と突風音が鳴り、「ザワザワザワーッ！」と樹々の間を駆け抜ける様子が捉えられます。空気の動きである風そのものは、本当のところ目には見えていないのに、音と周囲の動きから見えるように感じられるから不思議です。私の場合はそれに加えて、木枯らしの時期には三度笠をかぶって走る北風小僧の寒太郎の姿が、大風のときには林冠を駆け抜けるトトロのネコバスが見える気さえします。揺れる音で存在感を出すのは、はるか頭上でぶら下がるサイカチの実。「カサカサカサッ、カラカラカラッ」と硬く乾いた木っ端がぶつかり合うような音で注意を引き、グルグルと回転しているように見えるネジ巻き状のたくさんの莢《さや》で、音で捕まえた者の目をグルグルと回します。

雨の音もよく聞く音です。何に当たるかによって雨音が違い、そこからわかることがいろいろあります。たとえば雨音が硬いならばそこは常緑樹林区で、柔らかい感じだったら落葉樹林区。また、森の中で雨音が地面から聞こえるようになったならば、それは落葉によって空が開けたからであり、これまで傘代わりになってくれていた葉っぱたちに感謝です。

次は私が好んで聞いている音の紹介です。まずは私の足音。一年を通じて鳴り、これなくして日々の園内業務はありません。楽しいのは下草が消えて大量の落ち葉が地面を覆う一一月から三月。落葉樹の葉っぱは「ザッザッザッザッ」とやや重い音。常緑樹の葉っぱは「ザクザク、ザクザク」と軽快な音。ホオノキは特別で「バフバフ」です。音が楽しくて派手に歩みを進め、踏みしめる音の中に「パキッ！」と小枝が折れる音が混ざると、当たりが出たようで嬉しくなります。

色も形もさまざまな落ち葉（森林区各所、2005 年 11 月 25 日）。踏んだときの音も違う。色は口絵⑪を参照

硬い地面を歩いているときには「バリッ！　ガリッ！」と何かを割る音を生みますが、それはドングリを潰した音です。そばにカシやシイがあることを知り、季節が秋に向かっていることに気がつきます。「パリンパリン！」と軽快な音で割れるのはモミの種。大きな翼《よく》によるもので、心地よい足裏の感触と、スッキリする音に、探してでも踏みたくなるほどです。

そして一番好きな音ですが、それは年に一回か二回しか出会えない「葉が落ちる音」です。肌をなでる程度のそよ風なのに、大量の葉が枝から離れる日があります。「カサカサカサッ、カラッ、サッ、カサカサッ」と、乾いた軽い葉っぱ同士が空中でこすれあい、そして地面に積もり重なる音です。雨のように降る褐色の葉っぱは日に当たってさらに美しく、何もかもがまるで映画のワンシーンのようです。思わずしばらく見入って、立ちつくしてしまいます。

最後にもう一つお伝えしたい音があります。それは「静寂」です。街なかに位置する筑波実験植物園でも、その瞬間は結構あるのです。気がつけば車の音はなく、風は止み、無音とは違う何かが空間を引き締めます。私は音を発してはいけないような気持ちになり、緊張して眼前の景色と同化するようにたたずんでしまいます。すると、一つ二つ鳥が鳴き始め、夏ならばセミが合唱を再開し、風が戻り植物はざわめき、車の走行音も元通り。不思議ですが、自然と人工の音が混ざった騒喧の中にいてホッとします。そう、それが筑波実験植物園の森の音であり、認めるのに少し戸惑いがありますが、私の奥底で聞きなれた安心できる音となっているのでしょう。

樹に住む小さな生き物たち

私は木登りを職業とする造園会社に勤めましたが、じつは生まれつきかなりの高所恐怖症です。初めて樹高二〇メートルを超えるメタセコイアを登った際は、梢まであと五メートルあたりで全身が極度に硬直し、登ることも降りることもできなくなりました。その恐怖の真っただ中にあって、メタセコイアの柔らかい緑色の葉っぱの中から、一匹のアマガエルが私を見つめていることに気がつきました。なぜこんな地上から遠く離れたところにカエルがいるの⁉

意表を突いたこの小さい生き物との出会いは、私の緊張を少しずつ解き、風に体を揺られ続ける中でもなんとか動けるようになりました。もしアマガエルが高所の恐怖をそらしてくれていなかったなら、私はこの日を乗り越えることができなかったかもしれないと、大げさではありますが今でもカエルを見るたびに思い出します。そしてこの一件は、多くの生き物が樹木を生活の場としていることに目を向けるきっかけにもなりました。

地上での話になりますが、腐朽が入った幹や枝をチェーンソーで切っている最中、その振動によって体長二センチ以下の茶色く平べったい虫がワラワラと出てくることがあります。それに気づいた当初、その虫は私たちがよく知っている「あの虫」だと直感したのですが、なんとなく否定したくてはっきり見ないようにしていました。そんなある冬の日、街路樹のケヤキの剝がれかけた樹皮を意味もなく剝がしたら、「あの虫」が数匹並んで冬眠しているではありませんか。

動かない彼らをまじまじ見ることとなってしまい、その正体を仕方なく認めました。そう、樹に住む彼らの名は「ゴキブリ」です。図鑑を開いてみれば、家にいるゴキブリは「クロゴキブリ」で、樹から出てくるのは「モリチャバネゴキブリ」とわかりました。そして本来ゴキブリは森林性昆虫であり、分解を担う存在として大変な働き者であることも知りました。確かに、森の落ち葉をめくると体長一センチ以下の小さい彼らがそこにいます。見えないようでも、落ち葉を天日干しにすると出てきます。彼らが森の一員であることが十分わかってからは、屋外で会う分には嫌悪感を抱かなくなりました。

木の内部はといえば、幹に大きい腐朽があり倒伏の危険が高い樹を切ると、その断面にカミキリムシの幼虫が開けた穴がたいていあります。そもそもそれが原因となって材に腐朽が入るのですから当然です。幼虫のサイズは大人の人差し指から小指ほどで、穴はその体が動ける直径二〇ミリ程度のゆがんだ円形となっています。穴の数は多ければ数十も開いており、時には切った穴

伐採したコナラの地上７メートル部位の幹断面。多数のカミキリムシの幼虫が開けた穴がある（多様性区東、2017 年 6 月 20 日）

から幼虫がモゾモゾ出てくることもあります。これらの穴は根元付近だけではなく、地上から一〇メートルの幹を切断してもありますし、それより上の枝を切った断面にも見られます。

一本の樹にはいったいどれだけのカミキリムシが住んでいるのでしょうか。互いの穴同士がつながって同居したり、縄張り争いなんていうのもあるんでしょうか。また、地上部にある穴と、上方にある穴はつながっているのでしょうか。そんな彼らを放っておかない生き物がいます。コゲラなど木に穴を開けて彼らを食べる鳥たちです。植物園の樹には彼らがくちばしで穿《うが》った穴が至るところに見られます。そして彼らもまた樹に穴を大きく穿って住み着く生き物でもあります。

樹上でよく見る虫にはアリがいます。私は小さい頃から、彼らが列になって幹をはるか上まで登るのを見て、いったい樹の上へ何をしに行くのかが疑問でした。そして仕事で樹に登るようになり、枯れた枝を切った箇所にあった穴から卵を抱えたアリが大騒ぎで移動するのをよく見ます。彼らが樹上に上がっていくのは、樹上の腐朽した箇所に巣を作っていたからだったのです。

また、幹の腐朽が進んで空洞化した箇所に巣を作るのがスズメバチです。幹の裂け目などから彼らの出入りがあれば間違いなく巣があります。密閉空間の中に巣があるので、入口に殺虫剤を噴射すれば一網打尽にできそうです。しかしいざ殺虫剤を噴射すると、まったく違う箇所から噴き出すようにスズメバチが出てくることがあります。樹の中はいったいどんな空間が広がっているのでしょうか。カミキリムシが樹の中に作る無数の通り道もそうですが、秘密基地が大好きな私はその構造を想像するとワクワクします。小さい体になって樹の中にある空間を探検したいといつも思います。

樹に住む生き物を見るとき、それが特に高いところだと、なんでこんな高いところにいるの⁉と思ってしまうのですが、彼らに高さの概念はないのかもしれないと考えています。私たちが高いところと低いところを分けるのは、重力に逆らって登る労力の大きさや、落ちたときのダメージがあるからではないでしょうか。しかしアマガエルやアリなどの体重では、上に登ることはなんの苦にもならず、落ちた衝撃で死ぬこともないでしょう。もしかしたら、地上で活動するのと境はないのかもしれません。そんな彼らと出会うにはどうしたらよいでしょうか。樹に住む者たちは基本的に身を隠す場所として樹を選んでいるので、遠くから眺めるだけでその存在を知るのは難しいと思います。かといって単に樹に近づくだけで見つかるものではありません。

大事なのは樹と接しながら、樹以外にも意識を広げることかなと考えています。私が初めて登った高いメタセコイアの樹上でアマガエルに気づけたのは、樹木を登るということから意識が離れ、その空間そのものに目が向いたからだと思っています。以来、私は樹に登ったとき、まず周囲の景色を眺め、風に揺れる枝葉の振動を感じ、時に樹の揺れに身を任せ、その空間を楽しむようにしています。するとなんとなく視野が広がり、周りで動く生き物たちだけでなく、その登っている樹自体がよりよく見えるようになるから不思議です。

トゲに刺さる

濃いオレンジ色の実が冬の景色に一際目立つピラカンサ。庭を彩る生垣によく利用されていますが、その枝には硬く鋭いトゲがあります。造園会社に勤めていたとき、ダンプの荷台に積んだ剪定ゴミを踏んで、幾度となくそのトゲを足の裏に刺した経験があります。地元の庭々にトゲのある樹が少なかったからなのか、当時はトゲに対する注意が身につきませんでした。そして現在は、植物園で多種多様なトゲ植物に囲まれて作業をしていますが、ならばトゲに刺されないようになったかというとそうでもありません。いろいろなことを言い訳にして、私は依然として怪我の数を増やしています。

トゲが刺さった一番痛い思い出は、サバンナ温室でのことです。大きなナツメヤシが倒伏し、人が運べる大きさに分割しなければ撤去できず、私は幹から全部の葉を切り離す作業を最初に始めました。葉鞘《ようしょう》の元にある、直径五ミリ、長さ一〇センチを超える極悪なトゲを恐れたからです。

作戦が功を奏して作業は安全に進み、あともう少しで終了となったそのとき、左足の親指に尋常ならざる激痛が走りました。何が起きたかわからないまま後ろへ倒れて長靴を脱ぐと、親指の爪の端からドクドクと血が噴き出しています。倒伏した幹の下に隠れていた葉鞘の元から、床すれすれの高さにトゲがあり、そこへ勢いよく踏み込んで二センチほど刺したのです。以来、私はヤシのような葉っぱを見るだけで足がうずき、自然と注意に注意を重ねています。

一方、このような恐怖が思い出されない程度の怪我を、私は繰り返している感じがします。その場合は作業にかかる時間を惜しむ気持ちのほうが大きいと思われます。たとえばメギやヤマウコギの剪定。最初は丁寧に作業をするのですが、些細なチクチクに慣れるにつれて手が早くなってきます。その早さは成果となり、気分は上昇して動きはやがて雑なものへと変わります。トゲの刺さりは「チクチク」から「ブスブス」になり、気がつくと血が染み出しているではありませんか。おそらくアドレナリンが大量に出ているから痛くないのでしょう。そして、刺さってもいいから早く仕事を終えたいという気持ちに取り憑かれた自分に気づくときがあります。

革手袋は手を守るのにすごく有効で、たいていのトゲを通しません。しかし、腕自体は守ってくれませんし、厚手のものほど極端に動きが悪くなるのが難点です。時間重視の場合、刺さることと効率とを天秤にかけ、結局は指を動かしやすい軍手を着用してしまいます。シュロ縄を扱う際はそれさえもうっとうしいので、たとえカラタチなどの恐ろしいトゲを持った植物であっても、結束作業は素手で行います。また、もう一つ怪我の原因としてなかなか免れ難いのが、トゲの有無を知らなかった場合です。

たとえば地面に植えられて大株になったブーゲンビレア。草本植物のように見えてじつは木本類なんだなと、その大きさと迫力に感心しながら勢いよく茂みに手を入れると、深い引っかき傷が甲に刻まれてしまうこととなるでしょう。成長が旺盛になると出てくる二センチの硬いトゲが無数にあるのです。鉢のかわいい姿から、その存在を想像することは容易ではありません。

いろいろな状況を考えてみると、怪我を防ぐ要は「慎重さ」に尽きると思います。そして私に足りなかったものは、それを生み出す「心のゆとり」でしょうか。日々の仕事が時間に追われる成果主義であるのは事実なのですが、私が怪我と引き換えに短縮させた作業時間など、じつはたいしたものではありません。私はこの点についてしっかり認識しないならば、いつか深刻な怪我を負うかもしれないと思います。しかし、そうは言いながらも、過去に受けた傷を無駄なものだったとも思っていません。そのトゲに刺さること、血を流すことが、その植物を理解する方法の一つであったと考えるからです。事実、トゲは植物の大事な一部であり、植物園にとってはまさに皆さんにお見せするべきものなのです。

屋外にある砂礫地区画では、ジャケツイバラの「刺さる」と「引っかかる」が連鎖する逆トゲを持つ枝が、蛇同士が絡み合うかのごとく暴れています。そのすぐ後ろでは、サイカチの幹から

ジャケツイバラ（上）とサイカチ（下）のトゲ（砂礫地山地性区、2017 年 9 月 1 日）

凶暴で無秩序なトゲが噴き出しています。「怖すぎるっ！　なんて恐ろしいトゲたちだ！　自然界では今後気をつけよう！」と来園者に思ってもらうのが目的の一つです。しかし、もしかしたら、そのトゲの鋭さを体に刻み込んでいる私こそが、今となっては誰よりも啓発されているかもしれません。

枝の先の春

寒い季節の植物園は、温室だけを満喫して帰られる方が大勢いらっしゃいますが、屋外エリアを担当する私は、冬こそ空の下を歩いてほしいと思っています。蚊に邪魔されることなく、植物たちとじっくり向き合えるという利点があるからですが、私の真意としては、この季節でしか見られない冬芽にぜひとも接し、感じてほしいものがあるのです。そうは言いながらも、私がそれを実感できたのは、植物園で開花調査という業務を三年ぐらい経験してからのことでした。

筑波実験植物園は一四万平方メートルの面積に約三〇〇〇種の植物を栽培展示しており、しっかり見ようとすると半日はかかります。そこで、誰でも短時間で見どころを回れるように、「見ごろの植物」という園内マップを作成しています。その中心となる業務が、職員とボランティアさんとで毎週行っている開花調査です。私はこれまで一一年参加し、距離にすると約四〇〇〇キロは歩きました。夏は強烈な日差しに焼かれ、冬はつくばおろしと呼ばれる冷たい強風に凍え、天候や体調によってはとてもきつい調査です。しかし、つらいとか忙しいとかを理由に休んだことは一度もありません。続けてこられたのは単に義務だからではなく、春夏秋冬の巡りに魅了されてしまったからなのです。

それまでの私は季節の移り変わりにさほど興味がなく、気温の暑い寒いがただ繰り返されると思っている程度でした。冬の植物においては、樹の枝に冬芽という寂しそうなものがついている、そんな貧弱なイメージしかありませんでした。しかし、花を見つけることを目的に植物と接してから、いつの間にか芽に意識が向くようになり、それまで目に入らなかった変化が見えるようになってきました。春の気温に応じた微妙なつぼみの膨らみがわかってきたのです。さらに、その後に続く芽鱗《がりん》のズレやほころび、隙間から見える花びらを認めるようになり、種によってはそのまま咲かないで長い休憩に入ることなどを知りました。また、芽には花芽と葉芽があり、ほとんどの樹木は展葉のほうが開花より早いことも発見でした。産毛《うぶげ》が光る新葉は本当にかわいらしく、数週間をかけての展開はとてもダイナミックです。私は、冬が明けてから起きる植物のさまざまな目覚めに心が躍り、翌週の開花調査が待ち遠しくなりました。

そして、夏になれば蒸散を深く吸い込み、秋は紅葉の彩りに見とれ、冬は再び落ち葉を踏みながら新しい冬芽に来春を期待します。四季を絶え間なく歩くことを繰り返すうちに、その時々の植物たちの様子に自然と意識が向き、特に芽が開く瞬間を待ち焦がれている自分がいました。加

❶シデコブシ（砂礫地山地性区、2017年1月15日）。フワフワの毛が温かそう
❷トチノキ（プロムナード、2006年12月15日）。ベタベタの粘液が出ている
❸アブラチャン（冷温帯落葉広葉樹林区、2017年1月16日）。両側の丸いのは花芽、真中のとがっているのは葉芽
❹カワラハンノキ（砂礫地山地性区、2011年12月1日）。右の細長いのが雄花。蝋物質でカチカチに固められている。左の丸いのは昨年の果実

えて、過去から途切れることなく開花を繰り返してきたという当たり前のことを、やっと気がつくに至りました。理屈でわかるのとはまったく違う、実際に形がある何かを直接手で触れたかのような気づきでした。それからというもの、生命がこれまでつながってきた「今」の瞬間に驚きが生まれ、これから先へ続く通過点としての「今」に気が遠くなるような思いを抱くようになりました。

春の陽気を心待ちにしている冬芽を前に、私は何とも不思議な気持ちになります。私も生命の歴史上では同等であるはずなのに、暖かい服を着つつも凍えているからなのか、芽のほうが強い存在に見えるのです。冬の来園者の方には、その小さい芽の中で息づく大きな生命力を、そして、共に同じ冬に生きる一体感を、ぜひとも感じてほしいと思います。厳しい季節だからこそ、生命というものを捉えやすいのではないでしょうか。

もう一つ希望を言うならば、期間を空けて再び来園し、季節ごとに変化する姿も見てほしいと思います。継続して見続けるうちに、きっと今までと違う四季に出会えることでしょう。しかし、一年を通じていろんな植物を観察するのは結構難しいので、たまに当植物園のＨＰにある「今週の見ごろの植物」と「今週の開花リスト」をご覧になってはいかがでしょうか。季節のうつろいと、旬の植物を感じる手助けになるかもしれません。

夜の焚き火に見入る

学生時代に何回か足を運んだ大晦日二年参り。厳格な境内の闇夜に燃え上がるお焚き上げが、今でも心に焼きついています。思い出すのは、煌々《こうこう》と輝く炎の中で燃えつきていく熊手やしめ縄と、その周囲に照らし出された人々の物憂げな表情です。みんな炎の向こうに、それぞれの胸中にある何かを見ていたのでしょう。私もバチバチとはぜる熱気を前に、物が燃える様子に集中しながらも、止めどもなくいろんなことが浮かんでくるのです。心の奥で絡んでいたものが、炎によって解きほぐされていたのでしょうか。除夜の鐘で我に返れば、なんだかいろんなことがうまくいくような気分になっているのでした。

今では家族や親戚と元旦朝の初詣へ行くようになり、三人の息子たちは大喜びで燃えるお焚き上げを眺めます。私はと言いますと、二年参りで見ていたそれとの違いに気がつきます。炎は夜ほどの勢いを感じられず、また、それを眺める皆の表情がとても明るいのです。そう、炎はその色めきがありありとわかる漆黒の暗闇の中にあってこそ強い存在となり、見る者の心の内を開かせる特別な力を持つのではないでしょうか。

近年、アウトドアメーカーが焚き火を夜のフィールドワークとしてイチ押ししているのは、それが理由だからでしょう。子どもに感動をとか、キャンプの最後を飾るイベントにとか、夜にセッティングされた魅力的な写真がホームページや雑誌を飾っています。なので、私が焚き火台やその他グッズを大人買いしてしまっても、それは仕方がないというものです。しかし私にとっての楽しみは、紹介されているように火を横にワイワイと騒いだり、ディレクターズチェアに深々と座ってバーボンやスコッチを味わったりすることではありません。焚き火の目的は焚き火です。火が消えないよう見守りながら手をかけることを、夜通し黙々とやりたいのです。

私が夜の焚き火にこだわるのは、炎がより映《は》えるからではなく、その炎の下で熾火《おきび》となった木材の燃える様子が夜でしか見られないのが理由です。陽の下では残念なことに、それらはただの黒い塊としか認識できません。ところが暗闇の中では、木材が内側から眩《まばゆ》いばかりの光を放って燃焼しているのがわかります。その強い蛍光オレンジのような発光は、まるで火でできた宝石であり、目が離せなくなるほど美しく、私を魅了してやまないのです。表面を薄く覆う灰を火バサミで削れば、さらに透明感を増し、叩き割ったならば、ガラスのように滑らかで艶やかな断面が現れます。思わず触りたくなるような光沢感があり、その表面の奥ではなにやら淡い影のようなものが動いているのが見え、心が中へ入っていきそうです。

いつしか次々といろんな事柄が頭の中を巡り、お焚き上げでそうであったように、火の向こうにそれを眺めます。しばらくして火が弱まっていることに慌てて薪を返し、熱量を互いに渡し合わせるために上下を組み換えたりします。これらの作業は火の顔色を見ながら行うので、私はますます火に見入り、またもや意識は炎へと入り込み、薪が尽きるまで無限ループのように続くのでした。

翌朝になると、黒く燃え残っている木片を見て、これが昨夜にあの輝きを放っていたものかと一瞬戸惑います。今でこそ木材は、光合成により太陽エネルギーを取り込んだものと知られていますが、それがまだ理解されていなかった人類の過去の歴史の中で、焚き火はいったいどのように思われていただろうかと考えます。私の戸惑いなど足元にも及ばず、すごく不思議で、とてつもなく神秘的で、そこから大きな力や意思さえも生まれたことでしょう。また、火があるからこそ人が集まり、炎が見える夜だからこそわかり合えたこともあったでしょう。

私はさらに思いをめぐらします。私の父と母、そのずっと前の父たちと母たち、もっともっと昔の石器時代とかの先祖たち、その時代時代で夜の焚き火の中に何を見て何を未来に想像したのだろうかと。そしてこれから私の子どもたちや、その先にいる人類の子孫たちは、何を見て何を語り合うのだろうかと。そこは一つ、次の夜の焚き火に見入りながら想像することにしましょう。

庭を維持する

茨城県水戸市には日本三大庭園の一つに数えられる水戸偕楽園があります。水戸藩第九代藩主徳川斉昭が領民と共に楽しむ場として作庭したもので、一〇〇種類三〇〇〇本の梅が植栽された梅林が有名です。早春に訪れたら、敷地内にある好文亭という建物の三階にぜひ上がってください。隣接する千波湖を背景に、白や桃色の花々が一面に織りなす壮大な景色がご覧になれます。この大庭園を作り上げた当時の人々の発想と実行力のすごさ、また、水戸藩が持っていた権力に誰もが驚くことでしょう。造園会社の方であれば、今日まで途切れることなく続けられてきた庭園の維持管理の労力や金額にも、思いが及ぶのではないでしょうか。

今から二〇年前、私は新潟市の造園会社で個人宅の樹木の手入れに励んでいました。仕事を依頼される家主はたいてい六〇歳以上で、高度経済成長期に家を建てた方々です。敷地をブロック塀でぐるりと囲い、中に樹木と石を配置した庭を設けるのがステータスだった世代でもあります。

好んで植えられた樹木は日本庭園を代表するクロマツ、次に紅葉が美しいイロハカエデ、場所があれば花期が長いムクゲやサルスベリ、その隙間にツツジ類です。

これら樹木が植栽された当初は、庭で遊ぶ幼いお子さんに対して思ったように、ずっと小さいサイズのままでいるような気がしていたのではないでしょうか。しかしその後は子どもの成長と共にぐんぐん大きくなり、成人して家を出る頃には樹も庭に収まりきらなくなります。そのような状況が住宅のあちこちにあったおかげで私は剪定修業をさせてもらえ、お給料までいただけたのでした。しかし剪定にかかる労力と請求金額は小さい庭なら二人半日で数万円、大きい庭なら一〇人二日で数十万円と、定期的に支出し続けるには決して安くない金額です。そこで当時の私は何とも不遜にも、伐採して庭を作り変えてしまえばお金がかからなくて済むのになどと考えていました。それから月日は流れ、植物園で管理と展示を担うようになった今、当時理解できていなかった「庭を維持する」とはどのようなことなのかがわかるようになってきました。

筑波実験植物園は植栽から約四〇年が経ち、園内の樹々は立派に大きく育ちました。セコイアメスギの樹高は二五メートルを超え、世界一大きく育つ樹であることを説明するのにいい高さとなりました。四タイプの森が並ぶ森林区は、一〇〇%人工の森とは思えないほど自然な雰囲気が出てきています。それらは時間を重ね続けた当園の大きな特色となっており、開園当初に計画された自然植生を再現するというコンセプトが成し遂げられた証ともいえましょう。同時に、これからは次の四〇年後を見据えた植栽を行わなければならない時期にもなってきました。植栽展示をする立場でいざどう計画しようかと考えてみると、かつて私が造園会社で培ってきた個々の樹木を栽培する技術だけでは成し得ないことがわかってきました。

では何が必要かというと、未来を見据えた想像力や発想力です。樹を元気に育てることは当然大事ですが、育てる年月が長いほど、その個体が同じ場所で生育し続けられるように周辺の計画をしっかり立てることの重要性が増します。もしそこに無理があれば、周辺の都合で個体の成育に支障をきたす事態が発生したり、また、周辺の開発がその個体の存在によってできなくなったりします。そして次に必要なのが、目的に達するまで管理し続ける労力の確保になります。加えて、当初のコンセプトを守り抜く強い意志も求められ続けます。これらの結果、時間を重ねた植栽展示がようやく成し得るのです。

個人宅の庭についていえば、まず家主がいつかこんな庭を持ちたいと考えるイメージがスタートとなります。それを実現すべく多くの労力や費用をかけ、そこにさまざまな思い出が積み重なり、いつしか望む庭ができていきます。どの状態がゴールなのかは家主以外にはわかりません。しかし仕事を庭師に依頼したからには、まだ終わらせられないとの意思が必ずあります。二〇年前に見習いだった私は、その庭を維持しようとする思いがあることに対して、ただひたすらに敬意を払うべきでした。そうすれば家主の求める庭のイメージを察して、より望まれた剪定を行えたのではないでしょうか。

庭を機械的に管理するだけなら別に庭師でなくてもできます。家主に寄り添って庭を維持してこそ庭師なのだと、最近になりようやく気づいた次第です。造園会社を辞めてから一〇年以上が経ちますが、仕事で入らせてもらった数々の庭をかなりよく覚えています。当時を振り返り、家主の方のさまざまな思いがあったであろう庭に、今更ながらに深い感慨を覚えます。

土に還す

冬から早春にかけての森は、葉が茂っていた頃とは違う匂いに包まれています。筑波実験植物園の落葉広葉樹林区画では特にそれが感じられ、地面一面に堆積した茶色い葉っぱの景色と相まって、故郷の新潟や学生時代に過ごした山形の森を思い出します。匂いの元は落ち葉なのかなと表面の数枚を手にとって嗅いでみると、非常に近いのですが微妙に違うようです。赤土の匂いでもありません。しかし私の記憶を呼び起こすその匂いは、明らかに足元から漂ってきています。地面に顔を近づけ、表面の葉を取り除きながら匂いの正体を探していくと、どうも古い落ち葉の層があやしい。水分でぺったりと重なりあったそれらは、崩れながら土と混ざりあっていました。私が冬の森の匂いと感じていたもの、その答えは葉や枝が腐植しているものだったようです。

植物園での日々の管理業務では、除草した草や落ち葉、剪定枝や伐採木などの廃棄物が多く発生します。これらを業者に頼んで場外処分にすれば簡単なのですが、毎年かなりの費用が必要と

落ち葉と除草ゴミを集める場所。左：腐葉土、中：当年の除草ゴミ、右：腐植が進んだ前年の除草ゴミ（圃場、2015 年 6 月 23 日）

なってしまいます。また、その空間から生じたものを空間外に廃棄することに何かためらいがあり、園内で有効利用をする努力をしています。たとえば落ち葉ですが、自然風に設計されている園路や、植栽植物の根周りに敷き締めると泥はね防止になります。ある程度の太さの枝は、短く切断することで植物囲いなどの材料になります。

これらは廃棄物をそのまま利用しているので手間がかからず、作業的には理想的です。しかしこれだけでは発生するゴミの一割も減らせないので、草と落ち葉のほとんどは堆肥化させることにしています。量が量なのでバックホーを使っての作業になるのですが、高さ二メートルまで積み上げ、大量の水を与えて自然発酵を促します。それを崩しては再度積み上げる作業を定期的に行うと、数ヶ月で堆肥のできあがりです。枝や幹はチッパーという粉砕機でウッドチップにしてしまいます。チッパーは機械にかけられる材の径が限られているので、薪割り機で小さくしてからの作業になります。これらの手間と苦労をかけて作ったものは、その甲斐あって大変便利に活用できます。腐葉土や堆肥は植物たちの肥やしになり、新鮮なウッドチップは園路の簡易舗装や雑草押さえのマルチングとして大活躍します。

どうやら園内処理はなんとかうまくいきそうです。しかしながらじつは、これら一連の作業について私は大きな疑問や不安を抱えています。まず、堆肥やウッドチップの作成には重機と軽油を使用していること。本来であれば何年もかかる堆肥化や木材の断片化を短期間で行うためなのですが、これらの大きな力やエネルギーを使わなくても済む、もっとよい方法はないものでしょうか。

それからもう一つは、これらの作業は発生したものすべてを土に還すことにつながっているということ。堆肥が土に消えていくのは当然として、枝を利用して作った木枠も三年程度で形を失い始め、雑草押さえに利用したウッドチップも、最終的には雑草の肥やしとなってしまうのです。植物園は育ったものを場外に出荷することがないので、その空間で発生したものをその空間に還し続けると、結果として、そこの土地はどんどん肥沃になっていくのではないでしょうか。本来であればそれは遷移につながるのでしょうが、植物園は現状維持が基本です。今の試みをいつまで続けられるのでしょうか。

堆肥の山を前に、いつもいろいろな思いがめぐり作業の手が止まります。しかしいざその山を切り崩せば、腐植により発生した熱気が一斉に立ち上りハッとします。冬の森の匂いを凝縮したようなその蒸気に、自然界の循環を支える仕組みの強さを感じるのです。そしてそこを寝床にしている無数のカブトムシの幼虫たちに私の取り組みを応援されているような気にもなり、とりあえずもっといい堆肥を作ってみようと作業に力が入ります。

根と勝負

造園会社での仕事の中に、樹木の移植がよくありました。土ごと根を掘り上げて樹木を別の場所に移動させる仕事ですが、全部の根を掘り出すのではなく、根鉢というコンパクトなものを作ります。樹体の大きさなどに応じて掘り取る根の直径や深さを決め、そのサイズに整形するべく、まずは外周を、次いで底をスコップで掘り進め、出てくる根をすべて切断します。そして根鉢が崩れないように、黄麻で編まれた幅一メートルもある巨大な包帯で覆い、わら縄で強固に巻き締めます。最後は掘った穴から吊るし出して終了。

ここでよく使用される機械は、二トンまで吊り上げられるクレーン付きトラックです。しかし、重量が数百キロ程度の樹木であるにもかかわらず、いざ吊り上げようとすると車体が浮いてしまうことが多々ありました。そのようなときは決まって根鉢の下に切り忘れられた親指ほどの太さの根が一本、地面に喰らいついているのです。これらを体験するうちに、私は根というものに非常に興味を持つようになり、いつか全体像を見られる機会に恵まれたいと思っていました。そして今から約一〇年前、この上ないチャンスが訪れました。植物園内のとある区画を更地にし、新しい区画を作る仕事を任されたのです。そこには幹の直径が三〇センチを超える樹木がたくさんあり、それらのすべてを抜き取ることが求められたのでした。

私はそれまで大きい樹の除根というものをしたことがなく、作戦として思いついたことは、より大きい力を用意することだけでした。敷地内への搬入経路と作業半径などの制約から、バケット容量〇・四立方メートル、機体重量二一トンのバックホーが選択できる最大の力と判断しました。その重量は力そのものであり、一般のミニバン（重量一・五トン）約一四台で引っ張るのと同じ力があるということです。

さて、根株とバックホーのパワー勝負は、幹直径一五センチまでの樹木ならバックホーの圧勝で、一発で引き抜きに成功しました。ずるずると出てくる根は樹種によって独特で、コナラやシラカシは竹ぼうきのようにすらっとした姿、ヒサカキはガニガニと硬く曲がった抜けにくい形状、ヤマザクラの根は地表近くに六メートルもの長さがありました。作業当時、それまで二〇年近く樹木に接してはいたものの、初めて目にするものばかりです。地中にあるがままの自然な様子に、なにやら美しさを感じました。しかし感動はここまで。幹直径二〇センチくらいになると力負けをすることがあり、二一トンのバックホーの後部が浮いてしまうのです。

こうなると根をそのまま引き抜くことは諦め、移植の掘り取りと同じ要領で作業を行います。根鉢を作るように根元周囲を掘り、出てくる側根をバケットの爪にひっかけて引きちぎります。しかし、幹直径三〇センチを超えるものになると、側根といえども二一トンの力で切れなくなります。そうなるとバックホーで根を少しずつ露出させ、その都度チェーンソーで切るという作業の繰り返しになります。

これですべての側根を切り終えたら根株全体を引き抜けると思いたいのですが、そうはならないのが樹体を支える根の本当にすごいところです。親指一本ほどの太さで二トンに耐えうるたくさんの直根が根株の真下で地面へ深く伸びているのです。しかも、根と土が一体化しているその部位はチェーンソーで切ることができないため、仕方なくバックホーでひたすら下へと掘り進めます。そして、直径三メートル、深さ一・五メートルほどの巨大な穴ができる頃にようやく根と地中とのつながりが切れ、根株だかなんだかわからない土の塊が地上へと引き上げられるのです。

これら一連の作業は、私にとってはまさに格闘といえるものでした。パワー勝負で突如激しく上下に揺れる二一トンのバックホー。中で操作する私も同じ衝撃を受けており、どうやっても引き抜けない樹木との相対は、全身筋肉痛になるほどの力をもって操作レバーを握り締めることとなりました。それに加え、車高一メートルの乗り降りを無数に繰り返してのチェーンソー仕事です。およそ三〇〇本の樹を引き抜きましたが、最後の最後まで流れ作業にはならず、心身ともに

1.6トンのバックホーで、伐採したシラカシの根を掘り取る（絶滅危惧植物区、2008年6月20日）

クタクタになるほど一本一本のすべてが真剣勝負でした。結果、私の体にはいろいろなものが刻まれたようで、今では樹を見ただけでどれくらい抜けにくいのか、状況によっては根の張っている状態もある程度わかるようになりました。

現在植物園で私の右腕となっているバックホーは重量一・六トンのかわいいやつです。この小さい力でどのようにしたら根に勝てるのかを考えるのはまるでゲームのようで、たまの除根の仕事では楽しみながら勝負を挑んでいます。

木挽き職人

私の母方の祖父、佐々木寅一は新潟県新潟市にて名の知れた木挽《こび》き職人であったそうです。私が小学生の頃には仕事を引退していたので、実際の作業を見たことはありません。また、私が祖父との会話に必要だった新潟弁を会得する前に他界しており、直接話を聞く機会もありませんでした。こんな理由から、祖父の業績を裏づけるものは母が繰り返し聞かせてくれた仕事の断片だけだったのですが、大きい丸太を扱う職人としてきわめて優れていたということに、私は今日まで強く惹きつけられ続けてきました。

そんな折、祖父の長男の伯父から、昭和五五年に新潟木材業界誌で掲載された記事と、昭和四三年に祖父が丸太から板を挽き出すまでの一連を撮った白黒写真を五枚いただきました。記事には「現存される木挽職としてはただ一人最後まで情熱を持ち続け、未だに頼まれれば、止むなく銘木を挽いたりして居られる有名人として名を留められる人」とあります。写真はというと、野原で固定されている巨大丸太を背にして、自身の体と同じ高さと幅がある巨大なノコギリを脇に持ち、眼光鋭くこちらを見据えながら立っている祖父が写っています。母から繰り返し聞いていた、作業は一人で行っていたというのは本当でした。ここからが写真のいいところになりますが、母が言葉で伝えきれなかったさまざまが写っています。

まず特筆すべきは、祖父の背後に大きく写っている直径約二・五メートルの丸太の迫力と、その七割程度の身長の祖父が仁王立ちをしている姿の堂々たる貫禄です（写真：上）。そして、白い半そでシャツに白いステテコと、それらと相対するかのように日焼けした黒い肌。白黒写真のコントラストが祖父の生真面目な表情をより一層引き立てています。このときの祖父の年齢は六四歳ですが、とても老人には見えません。母が尊敬していた祖父の仕事内容が、私に伝えたかった祖父の実像が、四〇代後半に届いた私の前にようやく現れたのでした。

二枚目の写真は、丸太だけが正面斜めから後方へ向かって写されています。長さが四メートルあることが推測され、計算すると、体積約二〇立方メートル、重さ約一〇トンのとんでもない大きさの代物であることがわかります。直径二・五メートルの丸太面には、地面と平行に二分割するべく作業を始めた一メートルほどの切れ込みが入っており、その隙間には木製のクサビが一〇個打ち込まれていました。三枚目は二枚目同様に丸太を斜めから写した構図ですが、切断が四分の三進んだ箇所で、祖父が両手でノコギリを持ち、歯を食いしばって挽いている様子が写されて

上：直径 2.5 メートルの丸太と祖父
左下：大鋸にて水平に切り込む
右下：2 つに切断された丸太

います（写真：左下）。写真が粗いながらも肩から下の腕とノコギリだけがブレており、体を強固に固定してノコギリを地面と平行に動かしているのがわかります。

四枚目の写真は、真っ二つに分断された半円丸太それぞれが、切断面を左にして地面と垂直に杭で固定されている状況です（写真：右下）。その二つの切断面が完全に平面となっていることに目を見張ります。ノコギリの長さよりも大きい径の丸太を二分するには、左右から別々にノコギリを入れなければなりませんが、祖父はそれをたった一人で寸分違わずにつなげたのでした。

写真の裏にはスプルース材とのメモがあります。外国産なので、運送には大きな手間と金額がかかったことでしょう。切断の失敗は大きな損失を生むことになるかなりリスキーな仕事だったはずです。五枚目の写真は場所が移って屋根のある作業場です。丸太は四分割された後に二〇センチ厚の板となっており、それをさらに厚さ半分に挽いている途中です。祖父の姿はなく、板には巨大なノコギリが二本立て掛けてあります。これで写真は全部です。

祖父は七〇歳過ぎまで現役を続け、私が一八歳のときに八四歳で亡くなりました。これだけの技量を持つ職人でありながら、別段それを表に出すこともなく、始終寡黙な人物であったそうです。おそらく生真面目な祖父にとってそれは語るに足るものではなかったのでしょう。しかし祖父は写真に撮られることは拒否しませんでした。むしろ、一枚目の写真の表情からは、後世に残すべきものとして撮られたかのように思います。いつか誰かが写真を通じて自分の仕事を正しく理解してくれることを願っていたのかもしれません。

さて、今の私は、はたしてその役に足りているのでしょうか。思わず問いかけます。「なあっ、じいちゃん、俺もいちょ前の植木屋になったとおもてんだろも、なじなもんだろねー。どんげらろ（なあ、じいちゃん、オレも一人前の植木職人になったと思っているんだけれども、じいちゃんの仕事をちゃんと理解できるようになったかなあ）」。しかし、写真から返事はありません。黙して語らず、最後の最後まで職人であった人でした。

木目と接する

幼少期のことですが、私は天井板の木目がとても苦手でした。ゆがんだ年輪がどうにも不安に感じられ、加えてところどころにある節がギョロンとした目玉に見えて本当に怖かったのを覚えています。横を向けば柱にもこちらをうかがっているような節があり、気になりだすと周りの木材すべてに見られているような錯覚に陥りました。

夜はさらに不気味で、押入れの戸を何度も閉め、豆電球をつけたまま布団の中に逃げ込んだものです。現在四〇代後半になっても、頭から布団を被らないと安眠できないのはその経験に原因があると思っています。しかしいつからか、天井板の模様が左右の板と微妙に違うことに気がつき、それらは同じ丸太から切り出されたものであることを理解し、さらに大工さんが順番通りに並べていたことに感嘆したのでした。

今住んでいる我が家を見渡せば、床板や家具などさまざまなところに木材が使用されています。

いや、正直に言いますと、そのほとんどが偽物です。たとえばテーブルやタンスは、ダークブラウンの木目をプリントしたビニールを、ファイバーボードに貼りつけたものなのです。板目が気に入って購入した食卓は、集合材に美しい薄い板を貼った一枚板もどきでした。床板も同様です。時計に至ってはウッド調のプラスチック製品。

それでも本物に対する憧れから、一三年前に無垢のパイン材で作られたソファーベンチを購入しました。子ども二人が幼児の頃はきれいな木目に癒されていたのですが、さらにもう一人生まれ、喧騒と共に重ねられた手垢と落書きとシールに、メンテナンスの意欲を奪われてしまいました。合板ではない板材による壁や床、カントリー風の家具に囲まれた生活は依然として魅力的なのですが、その購入費と維持労力を考えたときに、軽くて安くて掃除がしやすい偽物に納得してしまう自分がいます。恐らくメーカーはその点をニーズとして捉え、プリント木目に囲まれた現在の生活様式を広めたのでしょう。

住居環境の変化は昔の生活様式を思い出す暇もないほどの速さで進み、気がついたらこうなっていたというのが率直な感想です。結果、私たちの子どもたちは、これまでにないほど本当の木材に触れる機会を失っています。彼らは家の中のどこで木材に親しめばよいのでしょうか。そう考えると、たとえ本物感を演出するために作られたプリント木目であっても、木材の啓蒙を図るのにはとても貴重なものであると思えてなりません。こうなったら開き直って、木材風に見せるためだけでなく、木材について何かを伝えるために木目を利用することを考えてみました。

たとえば、樹種の特徴を捉えた木目を用意し、色合いの再現にこだわり、さりげなく樹の名前を表記するのはどうでしょう。数種類も並べたら図鑑みたいですし、比べると面白そうです。有名な樹木の木目は、自然が好きな人たちに注目されると思います。屋久杉の年輪をプリントしたテーブルが作られたら、私はきっと買うでしょう。できれば博物館にあるように、その時代の出来事をぜひとも表記してもらいたいです。

また、今のプリント木目には私が恐怖を感じたような節がありません。ひどいものだと自然界に存在しない均一な柾目《まさめ》です。癖のある木目こそが自然の姿であり、見ていて飽きないものだと思います。何かを想像してしまうようなキツイ木目は、装飾用として利用されるかもしれません。

さらにまったく違う試みとして、樹皮をプリントするのはどうでしょう。ヒメシャラやバクチノキの鹿の子模様は大変美しいですし、レインボーユーカリなんてサイケの人たちが大喜びしそうです。

私は幼児に最初のおもちゃとして積み木を与えるのと同じ感覚で、子どものときほど生活のさまざまな場面で木に触れさせてあげたいと思っています。もし、触れることができる木材を与えられないのであれば、できるかぎり木のことを感じられる仕掛けを作ることが、私たち世代の務めだと思います。きっと誰かはそこから樹木に興味を持ち、誰かは直接自然に関わる人になるのでしょうから。そして、彼らが次の世代につないでいくのですから。

石の斧

直径三〇センチの樹木をチェーンソーで伐採した場合、重心方向にバタンと倒せる状況であれば五分もかかりません。そこから枝払いをして、丸太を分割する玉切りまで行っても一五分程度でしょうか。軽快に唸るエンジンと吹き出る木屑、面白いように樹木は木材へと変わっていきます。私は樹木の伐採という仕事に関し、優れた道具や機械がある現代に従事できてよかったなとつくづく思います。そうでなければ、華奢な体の私がこのようなタフな作業をこなすことなどできなかったでしょう。かといって、昔の作業方法を見下しているわけではなく、むしろ、尊敬やうらやましさがあったりします。そう考えるきっかけが、これまでに三回訪れた青森県の三内丸山遺跡にありました。青森港から内陸に五キロほどの場所に位置した、約五〇〇〇年前の縄文時代の集落跡です。

そこは野球場建設が予定されていた土地で、結果として広い範囲で発掘が行われました。遺跡の屋外展示ではムラそのものを再現しようと、幅約一〇メートル、長さ三二メートルの巨大な縦穴式住居をはじめ、いくつもの小型住居や共同倉庫が復元されています。ほとんどの建物は自由に入ることができ、野趣あふれる生活様式の体験は、さながらアミューズメントパークのようです。

当時はまだ鉄の鋳造が始まっていないのでノコギリなどはありません。私の目の前で柱となっている直径三〇センチの丸太の切り出しは、石斧だけで行われたのでした。広場の前方では、直径一メートル、推定長さ一〇メートル以上のクリを六本立てて組まれた櫓《やぐら》のような掘立柱がズシンとそびえています。現代人による複製物とはいえ、そこに内在している当時投入されたであろう労働量が私に問いかけます。石斧で現代人にこれが作れるのか？　縄文時代は今より劣っていたのか？と。

直径一メートルの幹を石斧だけで切り倒すのは、想像を超えて大変だったと思います。ですが、きっとお祭りのように盛り上がっていたのではないかとも思います。というのは、伐採とは基本的に樹木の命を絶つことであり、同様に自身の命にも危険があって、まさに格闘技のようなものだからです。ましてや今回の相手は直径一メートルのヘビー級です。何人ものタッグで石斧を打ち込み、倒した瞬間には大量のアドレナリンが出ていたに違いありません。さらに、一本数トンはあるので、運搬と地面への立て込みは伐採以上に人数と気合いが必要になります。深いコミュ

青森県三内丸山遺跡の謎の大型掘立柱建物（2013 年 8 月 4 日）

ニティと、強いチームワークがそのムラになければ成し得られなかったでしょう。

また、地面に埋められた柱の先は丸く削られ、焼き焦がす防腐処理が施されていました。当時すでに自然や植物について豊かな知識があった証拠です。

ところで、そもそもなぜ多大な苦労をしながらも巨大な建物を作ったのでしょうか。目的には諸説あるのですが、労働者たちの挑戦心やプライドなど気持ちの高まりによる後押しが、より巨大な建造を推し進めた可能性はあると思います。六本柱の建物はそれを語っており、縄文時代なのによく作ったなという上から目線に反論してきます。現代人が、今の技術がある時代に生まれてよかったと思うのと同じように、当時の人々の生活は、知識や技術に自信や満足があった中で営まれていたのではないでしょうか。それを誇示するがごとく、鼓舞しながら建てたのではないか、と私は想像するのです。

機械や道具の発展で間違いなく人間の疲労は軽減し、効率を上げるのに大成功しました。その代償として、人と自然との距離が広がったように思えるのは私だけでしょうか。チェーンソーでの伐採について述べるならば、道具の整備と引っ張り倒すためのワイヤーワークが仕事のほとんどです。刃は勝手に幹へ食い込んでいくので、全身で相対する斧に比べて樹木との対話は薄いでしょう。少なくとも今の私は、縄文人ほどは樹木と親密ではないだろう自分の仕事ぶりを三内丸山遺跡で認識させられた次第です。

これから五〇〇〇年後の未来人は現代のチェーンソーをどう評価するでしょうか。便利であったと思うでしょうか、野蛮で危険な道具であったと思うでしょうか。願わくは私が生きているうちに、より樹木に寄り添い、より対峙できるスタイルの伐採道具が発明されることを期待しています。

園芸工具の未来とエンジン

ホームセンターへ行くと季節ごとの野菜苗や草花の鉢がにぎやかに並べられ、ガーデニングブームの市場がますます広がっているのがよくわかります。作業で使う道具類はお洒落になり、並べられた品数は豊富で、お店では見たり触ったりするのを促すように展示しています。その中でも近年の刈り払い機などに代表される農園芸機械類は進歩が著しく、新商品が次々と出てきています。各メーカーが力を入れて開発に取り組んでいるのは、ガソリンエンジンからの脱却と、動力の充電池化です。それらを待ち望んでいる週末ガーデナーの人たちに混ざって、植物管理を生業とする私も商品チェックにいそしんでいます。

小型ガソリンエンジンの燃料は、ガソリンと二サイクルエンジンオイルを二五：一や四〇：一という比率で混ぜた混合ガソリンを使用し、始動はピストンを動かす紐を引っ張ります。ガソリンと空気の混合はキャブレターと呼ばれる気化器で行われ、常に状態をよくしておくためには定期メンテナンスが絶対に必要です。それらもろもろの難しいことは売り場であまり説明されずに売られているので、庭や畑の手入れのために機械を買ったけれど、いざ使おうとしたらエンジンが始動しなくて困った人はかなりいると思います。そして修理に出せば購入費以外のお金もかかり、何よりも使いたいときに使えなかったのには参ったことでしょう。

こんなことからコンセントにつないで使える電動機械の需要は昔からあって、ヘッジトリマー（生垣刈り込み機）、刈り払い機、チェーンソーなどはすでに売られてはいました。しかし、いかんせん切断系の機械であるがゆえに自身の電気コードを切断することも多く、また、作業範囲がコードの長さに限られてしまうという大きい制約がありました。これらガソリンエンジンの面倒と電気コードの煩わしさからの解放を可能にしたのが、動力を充電池にすることだったのでした。そしてこの開発によりスイッチを握れば必ず動くという、機械を使用するうえで最も求められていたことが保証されるようになり、家電製品と同じ感覚で農園芸機械を購入できる時代がついにやってきたのでした。

私の勤務する植物園では刈り払い機八台をはじめ、チェーンソー、ブロワー（送風機）、ヘッジトリマー、耕うん機、動力噴霧器、運搬車など、数多くのガソリンエンジン機械があります。なぜ必要かというと、各種作業の平方メートル当たり労働量が低く設定されているからです。機械を使うことで肉体的に楽になることも確かにたくさんありますが、機械導入理由のほとんどは、少ない人数と限られた時間で多くの成果を求められているからです。では機械を導入しさえすればいいかというと、じつは機械のメンテナンスという新しい問題も発生するので厄介です。作業機械を購入して身近に配備しておく意味は、必要なそのときに使えることにあり、調子が悪いたびに修理に出して作業を先送りにするならリースで借りたほうがよかったりします。

では、突然に機械が動かなくなるリスクを植物園ではどうしているかというと、メンテナンスや修理のほとんどを私と他の職員が行うことで、必要なときに使用できるよう頑張っています。特に伐採作業は緊急の場合もあり、作業を始めたら中断はできないので、常によい状態にしておく必要があります。このように、よい植物管理を行うには、作業機械類をもよい状態で維持し続けることも必須で、単に植物に詳しいだけではダメなのです。ガソリンエンジンはその点においてかなりの専門性を使用者に求める機械であり、これまで結構な苦労がありました。刈り払い機などの機械が充電池式になれば、メンテナンスのために費やしていた時間を植物へ向けられるようになるので、早くそうなるよう私は日々商品をチェックしているのです。それらに切り替えるポイントとして私が注目しているのが、モーターパワーと充電池の持ち時間と重量です。

三年前になりますが充電池式の小さいチェーンソーを試しに購入しました。樹上でのガソリンエンジントラブルからの解放が狙いでしたが、事前調査が甘くて失敗しました。重量が四・四キロあり、頭上での片手操作が不可能だったのです。普段使用している小型のエンジンチェーンソ

上：目立て中のチェーンソーと数々の整備工具が置かれた工作室（2017 年 8 月 29 日）
下：重量物を乗せる運搬車のエンジン整備は要の仕事（2012 年 9 月 7 日）

ーは燃料込みで二・五キロと軽く、その差二キロを腕力で埋められませんでした。それに、いまひとつパワー不足です。

ガソリンエンジンの長所に、キャブレターという気化器のセッティングを調整してガソリン供給量を多くし、出力を上げられる点があります。アクセルワークを上手に行うとエンジンに過剰な負担をかけることなく、ここぞのときに大きいパワーを得られます。充電池式では残念ながらそんな調整をすることはできません。しかし、そうはいってもスイッチを握れば絶対に刃が回る安心感と利便性は未だに感動し、また、温室内の作業で排気ガスが出ないのもすばらしく、新しい時代の幕開けを堪能できる一台ではあります。

充電池式機器の進化によって、今後は誰でもすぐに機械を起動できるようになり、また、本来は造園業者の仕事であった作業にも軽い気持ちで取りかかれるようになるでしょう。これをきっかけに草木に触れ、植物や自然に興味を持つ人が増えることを期待します。しかしこれらがもたらす未来に危惧がないわけでもありません。まず、以前に勤めていた造園会社では、機械を使用させてもらうまでに段階がありました。現場へ着けば蜂の巣やチャドクガの幼虫を探したり、作業前には空き缶や石を取り除いたり、作業後には草ゴミを片づけたり、それらをこなす隙間に少しずつ機械の使用方法を教わったものです。充電池式による便利さは、それら覚えるべき安全を確保する手順や作業の省略を促しやすいように思え、結果、事故や怪我につながらないかが心配です。また、機械はその大きな力で技術不足を補ってくれるものですが、正しい技術そのものを教えてくれるわけではないので、買ったけれど上手に使えず、その性能を持て余す人も出てくるはずです。

それらを想像するに、機械が進化しようが何だろうが、安全で正しい使い方を教えてくれる人が依然必要であると思われます。それから、ハイパワーを必要とする機械は、出力の伸びと、ガソリンを足せば延々と使用できる利点を考えると、当面まだガソリンエンジンのままのはずです。そんな現状を踏まえて、未来へ期待が一つあります。充電池式機器の利便性によって作業をする人の数が増えることにより、熟練者と初心者、ガソリンエンジンを使える人と使えない人の差が、目に見えるようになったりしないでしょうか。それによってこれまでガソリンにまみれながら頑張ってきた熟練者の能力が正しく認識され、仕事でより必要とされたらいいなと思っています。

人に伝える

私は筑波実験植物園で現場管理をするかたわら、来園者の園案内も業務として行っています。申し込みの多くは、つくば研究学園都市の研究所を巡るツアーの団体さんと、修学旅行の中高生です。その他、小学生などを対象にした授業などの教育普及にも関わらせてもらっています。そもそも私が植物園に来た当初の目的は、園案内などの教育普及をやりたいという理由からでした。私の大学卒業後の経歴として一番長く続いているのは、造園関係の仕事ではなく自然案内や教育普及です。学生時に森林インストラクターという言葉を聞いて以来、なぜかそこに惹かれました。そしてその後、ある一つの経験をしたのですが、それが未だに私の中で大きな魅力を保ちながら原動力の一つになっているのです。

大学を卒業したてで無職だった二五歳の私は、結婚前の妻が留学していたイギリスに約一ヶ月滞在し、景色が美しいという理由で湖水地方へ小旅行に行きました。日本では見られない景色にあふれた場所で、その広さと見所の多さにどこを巡ればいいのかわからず、インフォメーションセンターで紹介された二時間程度のバスツアーを利用することに。集合場所には一〇人程度が乗れる赤い小型のバスがあって、客は私たち日本人のほか、いくつかの国の人たちが集まってきました。最後に運転手兼案内人である中年太りの男性がなにやら陽気に振る舞いながら現れ、グレーのベレー帽を取り、はげた頭をなでながら自分のことを〝ジェームズ・ボンド〟と低く渋い声で名乗りました。容姿と名前と声があまりにもミスマッチなのに自信満々なその笑顔！　私たち全員はいっぺんで和み、互いに笑顔を向けながら軽快に出発です。

その後にいろいろあった細かい案内や解説内容は、残念ながらあまり記憶に残っていません。英語がよくわからなかったからかもしれませんが、そもそも一生懸命説明をしていなかったような気がします。思い出されるのは、始めから終わりまでバスの中が明るい雰囲気に包まれていたことです。案内人は運転をしながら軽快にしゃべり、鼻歌を歌い始めたり、突然大きな声を出します。私たちはみんなニコニコしていました。

そしてツアーの最後のほうに、おそらく一番のビューポイントであろう高い丘で私たちはバスから降ろされ、〝ジェームズ・ボンド〟は遠くのほうを指差し、その景色がどれほどすばらしいかを雄弁に語りました。そしてその後、私たち一人一人に近づいて、もう一度同じことを話し出します。それまで陽気だった彼でしたが、声を落とし真剣な眼差しでその景色を説明するのです。

彼は私が英語を理解していないことを知っていたでしょう。しかし、私の目をじっと見ながら真剣に話をしてくれました。私にはその景色のすばらしさ、彼が伝えたいことが、理由はわかりませんが心にしみました。そして彼の何かに、自分が今体験している何かに、大きく感動しました。でも、そのときはそれが何なのかはわかっていませんでした。

私は後に念願の森林インストラクターとなり、案内に携わるようになって二〇年近くが経ちました。未だに自分の未熟さを恐れ、知識に頼り、テクニックを求め、難解でわかりづらい案内から抜け出せずにいます。しかしそんな中で、一番大切なのは心なのだということにはたどり着きました。〝ジェームズ・ボンド〟が案内の中で終始大事にしていたのは、ただ純粋に楽しい雰囲気だったのだと気づいたからです。さまざまな人種、言葉の壁、それらを越えられる大切なものとしてそこに気を配っていたのだと思います。そして、案内や自然解説は教えるものではなく共感させるものであるということ、その共感は心を動かす作用を伴うべきなのだと考えるようになりました。

イギリスの湖水地方で彼が私に伝えたかったことは、彼自身がその景色に感動しているという事実、それだけだったのではないかと思うのです。あのとき私の心は気づかずとも、そのシンプルで太い芯の通った気持ちに動かされたのではないでしょうか。

石の重さ

幼い頃、公園で砂利石を集めては城のようなものを作る遊びに没頭し、河原では両手で持てるサイズの石を水の中に並べて堰やプールを作るのが大好きでした。造園会社の資材置き場でさまざまな石を前にした当初、そんな昔が思い出され、なんとなくすぐうまく扱えるようになるだろうと思ったのですが、その大きさと重さに、自分ごとき素人では手も足も出せないことがわかりました。そしてその後の庭を作る各現場で、庭師とは重量物を人力で扱うエキスパートであることを知り、そうなるためには重さを骨身に刻み込むような経験を積まなければならないことを叩き込まれたのでした。

造園工事で使用する石は、庭の景色の一つとして据え置く大きい景石と、土留めに使う石積み用の玉石などがあります。広い現場ならダンプで施工箇所のそばまで運べ、据え付けもクレーン車を使うことができます。ところが古い町並みにある民家での庭工事となると、駐車場から庭までのアクセスは家々の間にある幅一メートル以下の通路しかなく、運ぶ労力は人力以外にありません。

直径二〇センチの玉石一つの重さは比重を二・七とすると約一〇キロで、一度に数個を一輪車で運べますが、積んだり下ろしたりする際に指を挟んだりすると、その痛みは相当なものでした。物が何かにぶつかるときの衝撃は、そのときの速さによって重量の何倍にもなるので、たとえ一〇キロの石が数センチ上から落ちただけでも数十キロの力となるからです。そのヘマをやらかしたこれまでの回数は数えきれず、思い出すたびに体の芯がギューッと縮みます。しかしその小さいミスのおかげで特に重たい石を扱うときは自然と慎重になり、これまで挟まれたことはありません。そのような石はどのように運ぶかというと、ロープを何重かにして石全体を抱えるように縛り、そのロープの先を棒に結び、数名で棒を肩に担ぎます。

たとえば五〇立方センチの石があるとして比重を二・七とすると、約三三〇キロなので一人当たり八〇キロ分担なら四人で運べる計算です。昔の人が六〇キロの米俵を一度に数個も担いで運んだことを考えれば問題ないでしょう。しかし私は現代のもやしっ子なので、そんな重さは担げません。苦肉の策として、石を吊るしているロープを棒に結ぶ位置を、相方のほうへ移動させてもらいました。これはテコの原理になりますが、支点から棒が長くなった私の負担が減るのです。たとえば一メートルの棒の真ん中に一〇〇キロを吊るした場合、左右で担ぐ人は互いに五〇キロ

アルミ製三脚とチェーンブロックでビカクシダを吊るす（熱帯資源植物温室、2013年3月25日）

を負担します。これが片方の端から三〇センチのところに吊るしたとすると、長さ三〇センチの棒を担ぐ人は七〇キロを負担し、残り七〇センチの棒を担ぐ人は三〇キロの負担で済みます。こんなことからみんな私と石を担ぎたがらなかったので、必然的に玉石を運ぶ係となり、指を挟む回数が多くなったのでしょう。

次はさらに大きい石の運搬方法です。たとえば六〇立方センチの石は六〇〇キロなので、人力で担ぐと人が多すぎて細い道を通るのが大変です。そこでチェーンブロックという移動型の手動力ウィンチで吊り上げて、五輪車というタイヤが五個付いた手押し台車に載せて運びます。チェーンブロックとは長い鎖の輪を人力で引きながら歯車を回転させ、ギア比を用いて重量物に掛けたフックを少しずつ巻き上げる道具です。これにより数トンの石の運搬も可能となります。なお設置方法ですが、まず長さ四メートル程度の丸太三本の先頭をロープで束ね、全体が三角錐になるように足を広げ、吊り上げたい石が中心に来る位置に据えます。その上部にチェーンブロックをぶら下げ、真下にある石にフックを掛ければ準備完了です。

そしてここからが庭師の本番、運び入れた石の据え付けです。現場内での石の移動は再びチェーンブロックを用います。重量物を地面から少し浮かし、横に引っ張って、下ろすのです。そしてチェーンブロックを吊るした丸太の三角錐の足を、石が中心に来る位置に移動させ、再び浮かせて引っ張って下ろすを繰り返します。この方法は石を横に引っ張った際に三角錐の重心が負けて倒れる危険を含んでおり、そうならないよう丸太を体重や力のある人間が全身で支え、慎重に引っ張らなければなりません。そうして目的の位置へ石を置いたら、今度は石の向きや深さを変える作業です。

ここで使う道具は、直径約三センチ、長さ一・八メートルの金棒とバタ角と呼ぶ角材のみです。金棒の一端を石の下に入れ、もう一端は庭師が持ち、角材をテコの原理の支点にして怪力を出すと、数トンの石でもよじりながら向きを変えられます。技を持っていれば石の上下を変えることも可能です。また、石の高さを上げたいときは金棒で少々持ち上げてから下に砂を詰め、下げたいときは持ち上げたその下を掘ります。据え付けの一番最後は石を取り巻く土に大量の水を与え、深く安定させて終了となります。

造園会社の仕事では、樹や石は近くにバックホーがあっても人力で運ぶべしという空気があって、土木業者が些細な物でも重機で運ぶのを見て羨ましいと思ったことは少なくありません。しかしそのつらさを重ねて繰り返し運んだ重量物の経験は、筋力のない私の身にも刻まれており、植物園で数百キロのものを人力で運搬しなければならない現場でしっかりと役立っています。石は重たい、樹は重たい、自然界は重たいとボヤキながら、でも人力でなんとかできるかもしれないと、過去の現場を振り返りながら挑み続けています。

光合成に適した光を求めて

植物を栽培する際、太陽の光を弱めたいときは幅数ミリのビニール紐を編んだ遮光ネットと呼ばれるシートを使って人工の影を作ります。色は黒を基本とし、用途によっては銀色や白もあり、隙間を多く編まれたものは光を多く通して、逆に緻密なものは影を濃くします。高山植物は大きい樹木が生きられない森林限界を超えた標高に生育する植物なので、常に強い太陽光線を全身に浴びています。それらを鉢植えで栽培するなら自生地と同じように光が強く当たる場所がいいように思えますが、実際は遮光ネットで光を弱めないと衰弱してしまいます。同様に、自生地は日差しが強い草原や海岸である植物も、鉢栽培ではある程度の遮光を必要とします。

植物園の圃場で栽培する際は、どんな明るさのところに置くかが生育を左右するので、まず自生地の明るさ、そして栽培する場所の明るさを評価し、いろいろ推察して決めています。植物の反応は狙い通りのときもあれば、釈然としないものも多く、そもそも人が判断する明るさと植物にとっての光は同じなのかという疑問を持つようになりました。

光を構成する波長には大きな幅があり、人間の目に見える波長三八〇～七五〇ナノメートルを「可視光線」と呼びます。植物が光合成に利用できる波長はその中の四〇〇～七〇〇ナノメートルで、これを「光合成有効放射」といいます。また、光とは波長の性質と同時に粒子の性質があり、光合成は粒子である光子を受け取ることで反応が起きます。そして「光合成有効放射」の中に含まれる一秒当たり・一平方メートル当たりの光合成に利用できる光子量を「光合成有効放射量」といいます。単位はμmol m^{-2} s^{-1}です。この「光合成有効放射量」を園内各所と圃場の温室各所で計測してみました。

まず屋外各所の計測結果です。六月晴天時の光を遮るものがない広場における光合成有効放射量は二〇〇〇μmol m^{-2} s^{-1}（以下、単位を省略）で、樹々の影になる森林区の中では五〇～二〇〇でした。また、この時期の曇り空は五〇〇前後で、一二月の晴天時は六〇〇でした。次に日中変化ですが、夜はゼロで、日の出とともに数値は上がり昼にピークを迎え、夕方へ向かって下がり最後はゼロです。

これらからわかることは、何かの影になった場所に届く光合成有効放射量は、光を直接浴びるところの一〇分の一以下しかないということです。簡単にいうと、光合成有効放射量が極端にあるか、極端にないかです。また、光を直接浴びるところであっても、曇りでは晴天時の四分の一の光しかなく、寒い季節の晴天時も同様に暑い時期の四分の一です。光合成有効放射量は季節や天候、時間によって大きく変わり、最も強いのは一定期間の限定的なものでした。

鉢栽培に話を戻しますが、自生地で種子から成長した場合の根張り量と土壌内水分環境と、鉢栽培におけるそれらとには大きな違いがあるので、強い光にストレスが生じやすいことは当然だと思います。しかし遮光により光を弱めた場所で穏やかに生育している様子を見ると、強い光が当たる場所を好んでいるというより、むしろ一時的になんとか耐えることで、それ以外の弱くなった過ごしやすい光を独占しているように思えます。

次に圃場の温室各所で計測した光合成有効放射量です。六月晴天時の遮光のない温室では七〇〇、遮光をした温室はその素材や張った枚数に応じて五〇〜六〇〇でした。計測はセンサーを接続したノートパソコンを移動させて行うのですが、私はこの計測を通じ初めて植物にとっての光を知りました。屋外で光合成有効放射量が二〇〇〇だった場所の見た目の明るさと、温室内で七〇〇であった場所の明るさとに、まったく違いを感じられなかったのです。

また、遮光に使うシートの影の具合や、色によって感じる明るさの違いは、計測された光合成有効放射量に反映されていませんでした。人が目で感じる光と、光合成有効放射量はイコールではなかったのです。その一番極端な例は、日中の部屋の中の光合成有効放射量は一〇で、夜間の照明下では五であったことです。私たちが日々生活している明るい部屋の中の光には、光合成有

圃場温室の一コマ。天井に数種の遮光ネットを張ったり机の下に置いたりして、さまざまな光環境を作り出している（圃場、2017 年 8 月 29 日）

効放射量がわずかしかなかったのでした。

では、その光は植物に何の影響も及ぼさないかというとそうではなく、たとえば、日が短くなったことに反応して咲く短日植物は街灯の明かりによって咲かなくなることがあります。そして樹林下の曇りの日の光合成有効放射量は日中の部屋の中と同じように一〇程度ですが、それに依存して生きている植物が多くいます。影を栽培環境として用いるのであれば、光合成有効放射量がゼロに近い数字であっても光合成はちゃんと行われていることをもっとよく理解したうえで活用しなければなりません。

光が当たる時間が光合成にどれだけ影響を及ぼすのかについては、野菜を作るとわかりやすいと思います。何かの影になって光が当たる時間が短いと、収量に差が出るからです。サトウキビを大きい樹の影になる場所で栽培したときには、甘さがまったくない茎ができてしまいました。糖の量とは、累積される光合成有効放射量であるということです。温室栽培において光の量は遮光ネットで調節することが基本となっていますが、光が当たる時間の長さについてもっと意識を向け、光の質と量から光合成有効放射量を考えるべきなのだと思います。

また、多くの葉を持つ植物にとって、それぞれの葉がある位置によって違う役割があるかもしれません。葉は光を浴びると同時に自身の下の葉には影を作るからです。特に大きく育つ樹木における枝先の葉は、その下につく多くの葉に対して遮光の役目を果たしていると言えるのではないでしょうか。そして遮光された場所の葉は光合成を穏やかに行えている可能性があります。このように考えると、植物たちが群生して互いに影を作り合うことにも意味があるように思えます。人間からは競争相手のように見えて、じつは共生していることもきっとあるでしょう。

光は温度と密接であり、光合成有効放射量だけで植物にとっての光環境を評価することはできません。しかし、植物それぞれの葉が浴びている光は非常に不均一であることと、また、日々刻々と大きく変化するものであることの理解は、植物を栽培するうえで大変重要であると考えます。なにせ光があっての光合成なのですから。

修業

私が造園会社へ入った二〇年前、仕事でうかがった個人邸では一〇時と一五時になると、お湯の入ったポットと急須、それから甘いお菓子とおせんべいを並べた盆が、庭に面する縁側やガレージに用意されることがよくありました。また、お昼には客間へ上がらせてもらったり、時には豚汁などが出てきたことも。そして親方が家主と談笑する様子を見て、庭師とは皆からとても愛される職業なのだなと思ったものです。それから数年が経つ間に、気がつけばお茶が出される場面は減り、雨の中でも昼食は乗ってきたダンプの中が多くなり、トイレを借りるのも悪いような気がして移動中にコンビニをチェックするようになりました。

庭師の仕事で主たるものは二つあります。一つ目は庭を作る仕事です。土建会社に発注されないのは、植栽する植物を地域や立地に合わせて選ぶ知識や扱う技術、それらの成長を織り込んだ設計が特殊だからです。また、依頼主が求めるイメージを汲み取り、工事途中でも要望の変化に応じながら完成を目指すのも庭師ならではといえましょう。

そうした過程で信頼が深まり、二つ目の仕事である後の管理仕事も任されるのでした。内容は除草や剪定、病害虫防除などです。家主の望む庭を作った庭師が管理で訪れたならば、お客が来たかのようにお茶が振る舞われるのはごく自然なことだと思います。しかし近年、現場で急速に起きているのが家主と庭師の世代交代で、互いにあまり面識のない家主と作業員が過去に作られた庭を維持することになってきました。また、樹木の成長と共に増加する管理費用は家主に大きな負担となっており、お茶でもてなす風潮や余裕がなくなってきたのでした。そしてもっと残念なことに、庭を駐車場に作り替えるお宅が出てきているのが現状です。

私が造園会社にいたときは、三〇万円程度の低予算でも蹲《つくばい》と筧《かけひ》のある日本庭園が欲しいという依頼がたびたびあり、若い庭師の修業の場として大変によい現場でした。しかし今家を建てている世代は昔ながらの庭を求めておらず、必要なのは車を数台止められる駐車場と、子どもが遊ぶ芝地、そしてホームセンターで購入した花や野菜を育てる空間で、土建会社が家と一緒に作ってしまいます。庭師が個人宅から庭を依頼されるまれな機会は大きい予算を持つ方からと偏っており、施工は一部の熟練庭師でなければできないものとなりがちです。

ちなみに私は庭を作る現場へは重量物の運搬など人数が必要なときしか行ったことはなく、代わりに公共工事の現場監督という仕事が大量に振られました。それは植栽工事や植物管理など私が望んでいた内容であり、工程管理や利益を上げる計算の傍らに樹木とより深く関わることができたのでした。このような仕事を請け負うのに必要な国家資格が造園施工管理技士で、その現場で施工する職人を造園工と呼び、図面と設計書があれば日本庭園も作れます。しかし造園施工管理技士も造園工も庭師ではありません。依頼主のイメージから設計を起こし、その思いに寄り添いながら施工をし、後の管理に責任を持つ庭師とは随分距離があるのです。造園工は庭師を目指している人が多いのですが、先に述べたように最近は個人宅に庭を作る現場がなく、皆そこで待機状態です。そしてまた、庭師の多くも収入を得るために造園工としての仕事をしています。その一般的な仕事が、公共の空間である公園や緑地帯の管理です。

公共の植物管理で支払われる施工費は、面積や数量で当初から決まっており、利益を増やすには単位時間当たりの施工量を上げるほかありません。質の高い仕事でなければ植物にダメージを与えるかもと思いながら、量をこなすために、たとえば街路樹をぶつ切りにするわけです。職人の技を存分に発揮できないのは本当に悲しいことです。しかし私にとってこれらの現場は、植物の扱い方を体当たりで学ぶことができた貴重な機会で、本当に楽しくて仕方がありませんでした。特に大きい街路樹の剪定は、高木剪定の技術と経験を身につけられた最高の場であったと思い出されます。植物は生き物であるがゆえに、管理技術の専門性が高く、特に重量級の樹木の植栽や移植はかなり特化された仕事といえ、探求心次第では日々の仕事の中で、発見とステップアップを繰り返す毎日を送ることができると思っています。

庭のニーズで考えると、これから新しく庭師になれる人数が限られていくのは避けられませんが、日本は何もしなければアッという間に草木に覆われてしまう自然豊かな国なので、人の生活圏を維持するために植物管理の仕事はなくならないはずです。となると今後各職人に問われるのは、どのような庭を作れるかよりも、どれだけ植物の知識を持っているか、どれだけ植物の性質に則《のっと》った管理技術を身につけているかになる可能性があります。また、庭師への道がこれから狭き門となるのなら、そこで差をつけた者だけが今後は通れるのかもしれません。

私は樹木のことを学ぶに際し、これ以上ない恵まれた環境を会社から与えてもらえました。よい修業を得るには、よい現場と、よい師匠がいなければなりません。私にとってそれは個人宅の作庭を得意とする、新潟市老舗の後藤造園（現：らう造景）だったのでした。私は庭について何も学ばないダメ職人でしたが、六年間にわたる修業があったおかげで現在は植物園の育成管理業務を行うに至りました。今は多くの研究員に囲まれた中で植物の栽培を行い、植物とはいったい何なのかを探る日々です。

これまでを振り返ると、一つ扉を開けた先にはまた扉があり、その繰り返しで今日にたどり着いたように思えます。大事なのは、扉にたどり着いて開けなければ、次の扉は現れないということです。また次の扉にたどり着くためには、いったいどれだけ歩かなければならないのでしょうか。修業とは、それまで積み上げた努力が報われることが保証されているわけではなく、むしろ何も見返りがないまま、愚直に歩まねばならないものであり、ひたすら覚悟と忍耐力を試されるものだとつくづく思います。そしてもう一つ、たまにチラッと思うことがあります。私の樹木を中心に置いた修業のはるかずっと先には、もしかしたら庭師へつながる扉が現れることもあるかもしれないと。これでも私は、庭師後藤雄行氏の門弟の一人なのですから。

おわりに

樹の上に関する話題の中で、十分にお伝えできなかった話があります。それは樹登りや樹上での仕事は大変危険な作業であることです。たとえば庭師が行う庭木の剪定、林業家が行う針葉樹の枝打ち、特殊作業となる住宅密集地での伐採、それらはちょっとしたミスで簡単に大事故へとつながります。はたから見ている限りではわかりにくいとは思いますが、従事している人たちは皆、本当に命がけなのです。もし、そんな世界へ興味があって、これから挑もうとする人には、大切な命を守る三つの項目を知り、追及してほしいと思います。

①決して弱い枝に命を預けることがないよう、樹木の生理や構造をよく知ってください。
②安全に登り、高所で身体を確保するための、正しい技術を熟練者から学んでください。
③樹木の重量の扱いについて、段階を経ながら経験を積める職場を見つけてください。

私の欠点に関することですが、じつは、かなりの高所恐怖症です。幼少期、地元の遊園地にて初めて乗ったジェットコースターで、ベルトが十分締まっていないのに出発となり、そのまま二周したことに起因します（今ではありえない！）。そんな私も、体の確保が可能なら、結構な高さの樹でも梢にてチェーンソーワークを行っています。なぜそれが可能なのかというと、先に述べた三つの項目を正しく身につけていれば、樹木は私を危険な状況へ追い込まないことを、また、樹の上は高くても安全であることを、体が認識しているからです。しかしそこに至るまでの道は決して平坦ではなく、造園会社での修業の日々が少しずつ私をそのように鍛えてくれたのです。「継続は力なり」。経験の積み重ねの大事さを、仕事の中でいつも感じます。

　樹に登らなくても樹や自然を十分に感じられることもお伝えしたいと思います。まずは、身近にある大きい樹に両手を回して抱きつき、樹皮に頬を当てましょう。恥ずかしいとためらわず、堂々とやることで、これまでに感じたことのない不思議な感覚が得られることを保証します。たとえば、地中に伸びる根や、幹を流れる水や、空へ広がる枝葉や、樹に住む生き物たちのことや、植物が光合成をしていることや、これまでの長い生命の歴史を、きっと感じられることでしょう。また、四季の変化の中で生きる樹木の姿を、たまに深く観察してください。毎年必ず春に芽吹き、冬に眠るその絶え間ないサイクルがあることに気がつくと思います。そして、その流れの中に生きる樹木や草花を見ているうちに、同じ進化の時間の中にあなたという存在があることにも気づくはずです。

私が現在の筑波実験植物園で植物管理を行うまでに、たくさんの人の手助けがありました。「樹木のことは研究以外でやればよいのではないか」とは、山形大学修士二年時が終わる頃に指導教官からいただいた言葉です。私の学生生活は趣味や遊びに並々ならぬ努力と時間を注いだ毎日で、また、研究センスがないのはすでに明らかでしたが、樹木や森林への興味を捨てきれず、進学について伺ったのでした。先生の言葉は、いざ言われてみると目から鱗が落ちる思いで、時間と共にまったくその通りだとさらに納得でき、「中途半端に研究へ関わるようなことはやめ、樹木に体当たりで関わる仕事に就こう」との決意をさせてくれました。

「太郎君のことは小さいときから知っているけれど、肉体労働は向かないと思う」とは、幼少期から通っている近所の接骨院の先生の言葉です。造園会社へ入って半年も経った頃、右手中指が剪定バサミの影響でバネ指となり、十数年ぶりに訪れたときのことでした。大学卒業時、身長一六八センチ、体重四五キロ、吹けば飛ぶような体格です。造園会社で働こうと決めたときに私自身不安だったのが、この貧弱な体で肉体労働が務まるかということでした。それをグズグズと悩んでいた時分、なんと、新聞で二〇歳そこそこの女性庭師を紹介する記事が掲載されました。黒足袋を履いた昔ながらの出で立ちは、タイミングがタイミングなだけにそれはもうすごい衝撃で、未来に足踏みしている自分が本当に恥ずかしくなりました。「潰されるならその程度ということ」と腹が決まり、後藤造園へは強引に入社させてもらいました。

「二七歳からではこの道は遅い。でも、人の数倍の早さで仕事を覚えれば可能性がないわけでもない」とは、後藤社長に初めて会ったときに言われた言葉です。今になってよくわかりますが、仕事を効率よく覚えるには、失敗を許しながら鍛えてくれる親方衆、導いてくれる先輩方、そして共に歩む同期の仲間がいることが理想です。後藤造園にはすべてが揃っており、厳しいながらも本当に充実した修業時代を送ることができました。

「あなたはここで何がやりたいのですか」とは、植物園の植物データベースの部署で働いているときに当時の植物園園長から問われたことです。教育普及に関わる仕事に全力を傾けながらも、時に現場で高木剪定なども行い、いったい何が本業なのかわからなくなりかけていたときでした。私は「現場に出たいです」と答え、また「仕事に足りる修業もしてあります」と付け加えました。そして再び空の下が私の仕事場となり、今はさらに新しい扉が開かれ圃場の管理も行うようになりました。

私は人に助けられてばかりで、私自身が誰かを助けるようなことはこれまでありませんでした。ところがこの一〇年は『森林科学』の誌面で私の思うところとしてさまざまな事柄について自由に書かせてもらい、そしてこの本の中では私自身の中にある経験をさらに整理し、皆さんにお伝えできる大変ありがたい機会を与えてもらいました。書かれた内容のわずかばかりでもが、誰かの役に立ってもらえればと願ってやみません。特に、植物管理への道を目指したもののどのような仕事が実際にあるのかわからず、ただひたすら焦っていた二〇年前の私のような誰かを、後押しできたらと思います。

本書に掲載された写真に関して多くの方にご協力いただき、大変感謝しております。後藤社長、らう造景のみなさん、急な依頼にもかかわらずたくさんの写真を用意してくださり誠にありがとうございました。植物園スタッフのみなさん、快く写真を提供してくださりありがとうございました。植物園ボランティアの佐藤絹枝さん、これまでの長きにわたり、いつも素敵な植物の写真をありがとうございます。

また、「森林科学」の私のコラムに目を留め、丁寧な手書きのお手紙で本書のご提案をくださった築地書館の黒田智美さん、深くお礼を申し上げます。

そして、一〇年前、当時の森林科学編集主事で私に「森の休憩室Ⅱ　樹とともに」の執筆を勧めてくれた、妻、麻子に深く感謝します。

【著者紹介】

二階堂太郎（にかいどう・たろう）

一九七〇年、新潟市生まれ。海と川と山で遊ぶ。山形大学農学部林学科修士課程修了。新潟県津川林業事務所に任期付職員で約一年、新潟市の「らう造景（旧：後藤造園）」に六年勤務。その後二年間は専業主夫となり子育てに専念。二〇〇五年より国立科学博物館筑波実験植物園に勤務し、現在、植物管理を担う育成管理室の技能補佐員。樹木医、森林インストラクター。一級造園施工管理技士、一級土木施行管理技士。

幼少期はツリーハウスにあこがれ、造園会社へ入ってからは樹登りにハマる。これまでを振り返り、求めていたのは秘密基地で、日々登る樹の上がそうであったのだと最近気づく。自分が剪定をした樹に翌年登って、反応を確かめるのが趣味。ふと樹を見て、どのように登り、枝を下ろすか、伐採をするか、手順を考えるのも大好き。以前は樹登りで体重を感じないほど身軽だったが、五〇代へ近づき身体能力が著しく低下する。今後はザイルとハーネスに頼った樹登りを目指そうと思う。

筑波実験植物園ホームページ：http://www.tbg.kahaku.go.jp

植物園で樹に登る
育成管理人の生きもの日誌

二〇一七年一一月三〇日　初版発行

著者――二階堂太郎
発行者――土井二郎
発行所――築地書館株式会社
東京都中央区築地七-四-四-二〇一　〒一〇四-〇〇四五
TEL 〇三-三五四二-三七三一　FAX 〇三-三五四一-五七九九
ホームページ =http://www.tsukiji-shokan.co.jp/
振替 〇〇一一〇-五-一九〇五七
印刷・製本――シナノ出版印刷株式会社
装丁――秋山香代子

ISBN 978-4-8067-1547-4 C0045